tredition®

Impressum:

© 2018 Johannes Knippschild
3. überarbeitete Auflage

Umschlaggestaltung und Titelseite: Johannes Knippschild
Alle Bildnachweise und Lizenz ab S. 63
Korrektorat und Satz: Angelika Fleckenstein; Spotsrock

Verlag und Druck
tredition GmbH
Halenreie 40–44
22359 Hamburg

ISBN   978-3-7439-7137-0 (Paperback)
           978-3-7439-7138-7 (Hardcover)
           978-3-7439-7139-4 (e-Book)

Das Werk, einschließlich seiner Teile, ist urheberrechtlich geschützt. Jede Verwertung ist ohne Zustimmung des Verlages und des Autors unzulässig. Dies gilt insbesondere für die elektronische oder sonstige Vervielfältigung, Übersetzung, Verbreitung und öffentliche Zugänglichmachung.

Johannes Knippschild

Das Wasser ist
die Quelle des Lebens

Inhaltsverzeichnis

Vorwort	6
Der Kreislauf des Wassers	9
Wasserbedarf	17
Historisches	23
Wasserverschmutzung	27
Gewässernutzungen und Gesetze	32
Hochwasser	40
Meere und Ozeane	46
Verschmutzung der Meere	51
Wasser für alle	57
Bildnachweis	63
Anhang A	64

Vorwort

Im Sommer 1954 saß ich im 1. WKT–Semester (Wasserwirtschaft, Kulturtechnik und Tiefbau) in der Ingenieurschule für Bauwesen in Siegen. Diese Fachhochschule, eine der ältesten Ingenieurschulen für Wasserwirtschaft in Deutschland, befand sich damals noch in dem altehrwürdigen Gebäude am Häusling. Heute ist sie in die Gesamthochschule Siegen integriert, ihre Dozenten heißen Professoren. 1954 nannten wir sie Baurat oder Oberbaurat, wie den Oberbaurat Jennerjahn, der sich an diesem Tage bemühte, uns die Grundzüge des landwirtschaftlichen Wasserbaus näher zu bringen. Es war ein schöner Sommertag, die Studenten hörten mit wenig Begeisterung zu.

Ich weiß heute nicht mehr, ob der Dozent überhaupt gemerkt hat, dass eine seiner Äußerungen schließlich meine Aufmerksamkeit geweckt hat. Er sprach von einem griechischen Dichter und Philosophen namens Pindar. Dieser hatte von 522 bis 446, also etwa 500 Jahre vor Christus, gelebt. Was von seinem Werk erhalten ist, sind Preislieder von den olympischen Spielen sowie weitere Werke. Darin findet sich ein Satz, den unser Dozent uns, den künftigen Wasserwirtschaftlern, sozusagen als Motto für unsere Arbeit mit auf den Weg gab:

„**Das Wasser aber ist das Beste**"

Pindar hatte damit eine ungemein wichtige Erkenntnis auf eine sehr kurze Formel gebracht. Sicherlich war mir, dem damals 20-jährigen Studenten an diesem Tage noch nicht bewusst, wie wichtig dieser Satz für mich und für mein künftiges Berufsleben werden sollte. Aber immer, wenn es später um wichtige Entscheidungen in meinem Beruf ging, in welcher Funktion ich auch gerade arbeitete, als planender Ingenieur, als Klärwerksleiter oder als Gewässerschutzbeauftragter, immer war mir die Bedeutung des Wassers bewusst. Dann erinnerte ich mich oft an diesen Satz des alten Pindar: Das Wasser aber ist das Beste. Dass das Wasser auch als Element in der Natur eine ganz besondere Stellung einnimmt, ist mir erst in späteren Jahren bewusst geworden. Denn nur für das Wasser gibt es mehrere Ausnahmeregeln von den Naturgesetzen. Aber nicht nur für mein Berufsleben war dieser Satz richtungweisend. Wenn ich von furchtbaren Dürreperioden in der Sahelzone hörte oder wenn im Fernsehen Bilder von Menschen gezeigt werden, die wegen Wassermangels sterben, dann weiß ich, wie richtig der Satz dieses alten Griechen ist, denn ohne Wasser gibt es kein Leben. Bilder von der Verschmutzung des Meeres durch Öltransportschiffe, die ihre Ladung verloren haben, oder wenn Tierschützer ölverschmierte Wasservögel aus dem Schlamm holen, deren Lebensraum durch solche Schlampereien vernichtet ist, finde ich das unerträglich. Wenn es einmal wieder einen Chemieunfall am Rhein gibt, verursacht durch Gifteinleitungen der großen Pharmakonzerne, wenn tonnenweise tote Fische stromab treiben, macht mich das traurig und wütend zugleich.

Es wäre schön, wenn schon die Kinder und Jugendlichen begreifen würden, welch ein hohes Gut das Wasser ist und dass man damit sehr sorgsam umgehen muss. Den Satz: „Was kann ich schon dazu beitragen, dass das Wasser sauber bleibt?" lasse ich nicht gelten. Es ist vor allem die Einstellung der Menschen zu diesem wichtigen und kostbaren Gut, die man verändern, ihre Nachlässigkeit und Sorglosigkeit, gegen die man angehen muss. Dazu gehört, dass man niemals etwas in einen Bach werfen darf, um es loszuwerden; verschmutztes Wasser nicht in einen Straßenablauf schütten darf, denn dann gelangt es auf kürzestem Wege in den nächsten Wasserlauf. Jeder, der aus den verschiedensten Gründen mit irgendeiner Wassernutzung zu tun hat, sollte immer wiederdaran denken, dass es Millionen Menschen gibt, die nie in ihrem Leben frisches, sauberes Wasser genießen können.

Dieses Buch berichtet über die phantastische Welt des Wassers, es erklärt vieles, das nicht bekannt ist oder vergessen wurde, Geschichtliches, Physikalisches, Chemisches, Rechtliches, Technisches und Unglaubliches. Es ist zwar vorwiegend für Jugendliche geschrieben, aber die Thematik „sauberes Wasser für alle" betrifft jeden. Darum würde es mich freuen, wenn es dazu beitragen könnte, unserem wertvollsten Lebenselixier, dem Wasser, die nötige Beachtung zu geben. Vielleicht kann es sogar dazu beitragen, dass einige Dinge abgestellt werden, die in diesem Buch beschrieben und beklagt werden.

Der Kreislauf des Wassers

Wenn wir uns unsere Erde auf einem Globus ansehen, stellen wir fest, dass es auf ihrer Oberfläche mehr Wasser als festes Land gibt. Man kann sagen, dass es nicht korrekt ist, von Erde zu sprechen, mit mehr Berechtigung könnten wir unseren Planeten „Wasser" nennen, denn die Wasserflächen machen rund 71 % der Erdoberfläche aus. Nur 29 % sind festes Land. Daran lässt sich erkennen, dass das Wasser auf der Erde eine überragende Bedeutung hat. Das gilt aber nur für den Anteil des Wassers an der Erdoberfläche, sondern auch für seine Bedeutung für alles Leben. Gleichgültig. Ob es sich um Pflanzen, Tiere oder Menschen handelt, sie alle könnten ohne Wasser nicht leben.

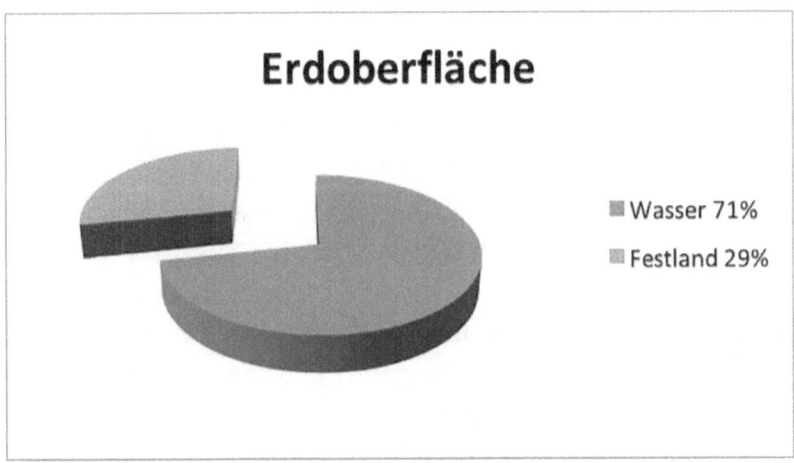

Abb. 1: Aufteilung der Erdoberfläche

Hier erhebt sich nun die erste Frage: Woher kommt das viele Wasser? Man denkt zuerst an die Quellen der Wasserläufe, die es vorwiegend in den Mittelgebirgen gibt. Jeder Wasserlauf beginnt an solch einer Quelle. Hier gibt es meist einen kleinen See, auf dessen Grund aus dunklen Löchern das Wasser hervorsprudelt. Dieses Wasser ist Grundwasser, das an solchen Stellen sozusagen überläuft. Um das zu verstehen, muss man wissen, dass der Boden im Untergrund überall verschieden ist. Es gibt leichte, durchlässige Böden wie Sand und Kies, die das Grundwasser durchfließen lassen und auch schwere wie Lehm und Ton, die undurchlässig sind, ebenso wie die Felsenböden. Aber auch bei den Felsböden gibt es Lockergesteine, durch die das Wasser durchsickern kann. Diese verschiedenen Böden liegen oft in Schichten übereinander. Das Grundwasser fließt im Untergrund, der Schwerkraft folgend, in durchlässigen Böden, man spricht von wasserführenden Böden so lange, bis es auf eine undurchlässige Schicht trifft. Auf dieser Schicht staut es sich auf, bis die Schicht an der Oberfläche endet. Dort bildet sich dann eine Quelle, das Wasser kann heraussprudeln. Wie ist dieses Grundwasser aber in die Erde gekommen, wo kommt es her?

Wasser fällt als Regen oder Schnee auf die Erde, aber auch Hagel oder der Tau, der sich auf Wiesen bildet, gehören dazu. Je nachdem, wie der Untergrund beschaffen ist, auf den der Niederschlag fällt, kann er versickern oder er fließt oberflächlich weiter. Wenn das Wasser auf bewachsene Flächen fällt, reichert es zunächst den Mutterboden, auch Humus genannt, an, damit die Pflanzen, die in dem Boden wachsen, gedeihen können. Je nach dem Bewuchs kann dieser Boden verschieden viel Wasser speichern. In Laubwäldern, die eine dicke Humusschicht haben mit einem üppigen Bewuchs aus Moos und Beerensträuchern, wird bei Niederschlägen sehr viel Wasser zurückgehalten. Andere Böden erreichen eher ihre Sättigung. Erst wenn diese erreicht ist, kann das Wasser, das nicht von den Pflanzen gebraucht wird, entweder weiter in den Untergrund versickern oder oberflächlich abfließen. Fällt der Niederschlag auf befestigte versiegelte Flächen wie Straßen, Hausdächer, Höfe oder Wege, fließt er auf dieser Fläche ab und erreicht schließlich ein Gewässer, einen Bach oder Fluss. Dieses Wasser ist dann für das Grundwasser nicht mehr nutzbar.

Wenn wir den Kreislauf des Wassers beschreiben, beginnen wir gewöhnlich an der Quelle.

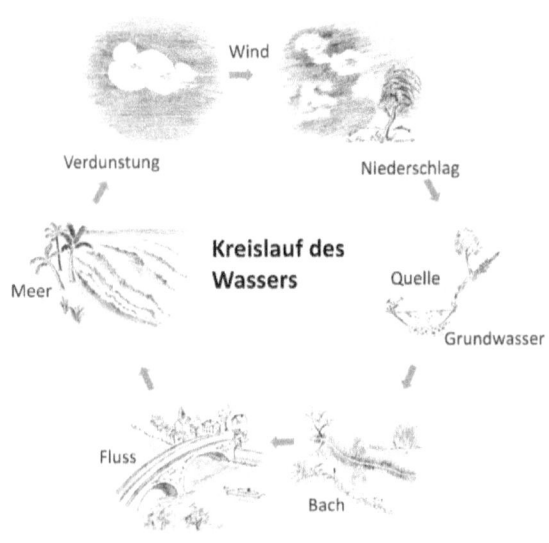

Abb.2: Kreislauf des Wassers

Hier tritt das Wasser wie beschrieben aus dem Boden aus, formiert sich zu Bächen, wächst zu Flüssen an und ergießt sich schließlich in ein Meer. Es folgt dabei der Neigung des Geländes, seinem Gefälle, und hat sich jeweils in einer Talmulde ein Bach- oder Flussbett ausgespült.

In Deutschland fließen die Flüsse in der Nordhälfte unseres Landes nordwärts. Das liegt an der Wasserscheide, die im Süden Deutschlands verläuft und das Gebiet, das zur Nord- und Ostsee entwässert, von dem Gebiet trennt, dessen Hauptfluss, die Donau, zum Schwarzen Meer und dann in das Mittelmeer fließt.

Die großen Flüsse, die in das Meer münden, haben sich vorher mit kleineren Flüssen vereint. In Deutschland fließen Rhein, Ems, Weser und Elbe in die Nordsee und die Oder in die Ostsee. Die Donau fließt südlich der Wasserscheide in einem Bogen erst von der Südwestecke Deutschlands nach Nordost und dann ab Regensburg in südöstliche Richtung nach Österreich. An der Donau ist eine Besonderheit zu beobachten: An zwei Stellen, bei Immendingen und bei Fridingen, versickert die Donau vor allem in niederschlagsarmen Zeiten völlig in den Untergrund. Das Flussbett ist auf langen Strecken manchmal monatelang trocken. Das Wasser ist in den Untergrund gesickert. Es hat sich Hohlräume im lockeren Gestein gesucht. Dabei hat es die Wasserscheide unterirdisch überwunden und sich dann im so genannten Aachtopf gesammelt. Hier tritt es als Quelle der Aach wieder aus und mündet bei Radolfzell in den Bodensee und damit in das Einzugsgebiet des Rheins.

Abb. 3: Rheinfall bei Schaffhausen

Im Gegensatz zum Festland ist das Wasser auf der Erde immer in Bewegung. Das beginnt schon an der munter sprudelnden Quelle und setzt sich in den Bächen und Flüssen fort, die manchmal ruhig und gemächlich, manchmal aber auch wild und stürmisch fließen. Besonders viel Bewegung gibt es an Wasserfällen. Der Rheinfall bei Schaffhausen an der Grenze zum Nachbarland Schweiz ist dafür ein besonders schönes Beispiel. Hier stürzt der Rhein auf einer Breite von 150 m über die Felsen. An solchen Wasserfällen nimmt das Gewässer besonders viel Sauerstoff auf. Das ist wichtig für alle Lebewesen, die das Wasser bevölkern. Wenn der Bach oder Fluss an anderen Stellen zu viel Gefälle hat, er seine Ufer selbst zerstören würde, weil die Wassergeschwindigkeit zu stark anstiege, dann beschreibt er Bögen, so genannte Mäander, dadurch vermindert sich das Gefälle, das Gewässer fließt ruhiger. Aber auch die Meere sind immer in Bewegung.

Der Weg des Wassers von der Quelle bis zum Meer ist ein Teil des Wasserkreislaufes. Wenn wir aber von einem Kreislauf sprechen, muss sich dieser Kreis ja wieder schließen. Das bedeutet, dass das Wasser aus dem Meer wieder zurück in das. Grundwasser und dann zur Quelle gelangen muss.

Wenn das nicht so wäre, müsste man die Frage stellen, warum die Meere nicht überfließen, wenn sich permanent aus allen großen und kleinen Flüssen dieser Welt ungeheure Wassermassen in die Meere ergießen. Hier begegnen wir einem Wunder der Natur, dass es möglich macht, dass sich das Wasser aus dem Meer erhebt, zu Wolken zusammenballt, vom Wind transportiert wird und dann als Niederschlag auf die Erde zurückfällt.

Um das zu verstehen, müssen wir zunächst einen Begriff erklären, der eine physikalische Besonderheit des Wassers darstellt: die Verdunstung. Das Wasser kommt in drei Aggregatzuständen vor: fest, flüssig und gasförmig. Im festen Zustand nennt man es Eis, es kann aber auch als Schnee vorkommen. Als flüssiges Wasser wird es am häufigsten angetroffen. Ob es nun fest oder flüssig ist, hängt von seiner Temperatur ab. Zwischen diesen beiden Zuständen liegt der Schmelzpunkt, er beträgt 0° C. Ist das Wasser kälter als 0° C, ist es Eis, ist es wärmer als 0° C, ist es flüssig und wird Wasser genannt. Zwischen den beiden Aggregatzuständen flüssig und gasförmig liegt der Siedepunkt, er beträgt 100° C. Wenn das Wasser bis zu seinem Siedepunkt erhitzt wird, tritt es in seinen gasförmigen Zustand über und wird zu Wasserdampf. Dass diese beiden Grenzpunkte, die zwei Aggregatzustände voneinander trennen, 0° C und 100° C, also zwei runde Zahlen sind, ist kein Zufall. Als der schwedische Wissenschaftler Anders Celsius sein Thermometer erfand, hat er die Einteilung durch die Grenzpunkte 0 und 100 Grad nach diesen beiden Grenztemperaturen des Wassers benannt.

Eine physikalische Besonderheit des Wassers aber ist es, dass es auch schon bei niedrigeren Temperaturen als 100° C in den gasförmigen Zustand übergehen kann, das nennt man dann Verdunstung. Wir erleben es täglich, ohne dass es uns besonders auffällt. Wenn nach einem Regenschauer die Straße nass ist und sich Pfützen gebildet haben und dann nach einer gewissen Zeit die Straße wieder trocken ist, die Pfützen verschwunden sind, dann handelt es sich um eine Verdunstung des Wassers. Es ist in den gasförmigen Zustand eingetreten, obwohl sich seine Temperatur weit unter dem Siedepunkt befand. Auch wenn Wäsche auf einer Leine zum Trocknen hängt, verdunstet das darin befindliche Wasser. Man kann gelegentlich sogar beobachten, dass auf einer Schneefläche Dunst aufsteigt, also Wasser verdunstet. Höhere Temperaturen beschleunigen allerdings die Verdunstung, die Straße trocknet im Sommer schneller als im Winter.

Beim Verdunstungsvorgang verlassen einzelne Wassermoleküle das Wasser und treten in die Luft ein. Ob eine Verdunstung stattfinden kann, hängt allerdings von mehreren Voraussetzungen ab. Die erste ist das Vorhandensein von Wasser. Weiterhin wichtig sind die Lufttemperatur und die Luftfeuchtigkeit. Wenn deren Sättigungspunkt erreicht ist, beträgt die relative Luftfeuchtigkeit 100 %, dann kann keine Verdunstung mehr stattfinden. Auch der Wind und die Beschaffenheit der Erdoberfläche spielen hierbei eine Rolle. Verdunstung kann sowohl auf dem Land als auch über Wasserflächen stattfinden. Wir stellen allerdings fest, dass über Wasserflächen und bei hohen Lufttemperaturen mehr Wasser verdunsten kann als über trockenem Boden und bei niedrigeren Temperaturen. Beim Anstieg der Temperatur bekommen mehr Wassermoleküle die Energie, den Verbund des Wassers zu verlassen. Wenn die Temperatur um 10° C ansteigt, verdoppelt sich der Wasserdampf in der Luft. Ob dann dieser Wasserdampf aufsteigen kann, hängt zum Beispiel vom Wind, der Windrichtung der Oberflächenbeschaffenheit ab.

Bei Waldgebieten und Bergen bilden sich leichter Wirbel aus, die den Wasserdampf schneller aufsteigen lassen, als über glatten Wasserflächen.

Damit sich jetzt der Kreis schließen kann, muss sich der Wasserdampf, der in die Luft gestiegen ist, wieder kondensieren und als Niederschlag auf die Erde zurückfallen. Diese Kondensation findet deshalb statt, weil sich der aufgestiegene Wasserdampf in den höheren Regionen der Atmosphäre abkühlt. Wenn der Wind die mit Wasserdampf gefüllten Wolken über dem Land zum Beispiel auf einen Höhenzug zutreibt, steigen sie höher, kühlen ab und lassen den abgekühlten Wasserdampf als Niederschlag zurück auf die Erde fallen. Darum ist der Niederschlag vor den Berghängen höher als über flachen Flächen, gleichgültig ob sie bebaut sind oder nicht.

Es verdunstet aus allen Meeren der Welt immer so viel Wasser, wie von allen Flüssen der Welt hineinströmt. Damit hat sich der Kreis geschlossen, den wir den Wasserkreislauf nennen.

Wasserbedarf

Man sollte glauben, der Wasserbedarf aller Menschen sei etwa gleich. Der wirkliche Verbrauch unterscheidet sich in den verschiedenen Ländern jedoch erheblich. Die Informationen darüber werden von den nationalen und auch von internationalen Gremien, z. B. der UN ständig aktualisiert. Daraus gewinnt man Erkenntnisse für die Zukunftsplanung.

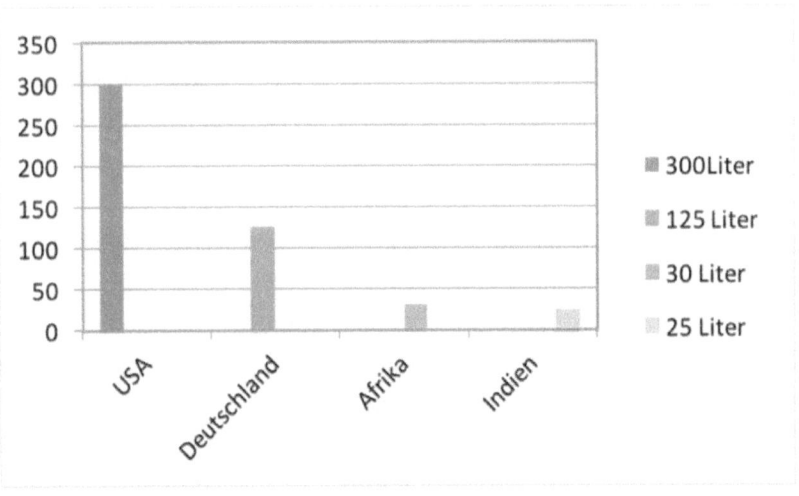

Abb. 4: Täglicher, durchschnittlicher Wasserverbrauch eines Einwohners

Dass der Wasserverbrauch so verschieden ist, hängt von den unterschiedlichen Lebensstandards und von den Hygienegewohnheiten ab, vor allem aber von der Verfügbarkeit des Wassers.

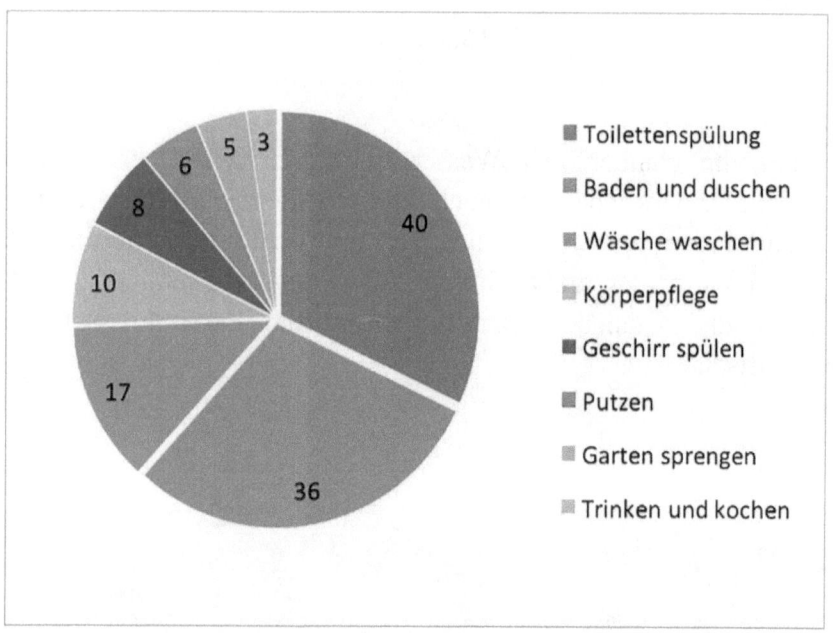

Abb. 5 Aufteilung der Pro-Kopf-Wassermenge

In den hier dargestellten Verbrauchswerten ist zunächst das Trinkwasser aufgelistet, das ist das Wasser, das der Mensch zum Essen und Trinken und der Zubereitung von Getränken und Speisen verbraucht. Es gehört aber auch das Wasser für die Körperpflege dazu, ferner das Waschwasser für Geschirr und Kleidung. In den USA und Deutschland wird aber auch dazu gerechnet, wenn mit Trinkwasser z. B. Autos gewaschen oder Pflanzen gegossen werden.

Im Zusammenhang mit dem Wasserverbrauch taucht häufig der Begriff virtuelles Wasser auf. Er wurde von dem englischen Geographen John Anthony Allan geprägt, der für seine Arbeit 2008 den „Stockholmer Wasserpreis" erhielt. Als virtuelles Wasser wird die Menge an Wasser bezeichnet, die erforderlich ist, um ein bestimmtes

Produkt herzustellen. Diese Wassermenge ist allerdings weder messbar noch genau zu berechnen. Es gibt daher nur Schätzwerte, die jedoch von verschiedenen Wissenschaftlern sowie Umweltorganisationen wie BUND (Bund für Umwelt und Naturschutz Deutschland) oder ifeu (Institut für Energie und Umweltforschung) in ähnlicher Höhe angegeben werden. Das Statistische Bundesamt gibt an, dass ein Bundesbürger neben dem angegebenen Wasserverbrauch von täglich 125 Litern noch eine Menge von 4.000 L virtuelles Wasser ebenfalls täglich verbraucht. Das muss noch etwas näher erläutert werden.

Es leuchtet ein, dass alle Pflanzen für ihr Wachstum Wasser benötigen. Darum wird beim Verzehr von Gemüse und Salat dieses Wasser als zwar nicht sichtbar, aber doch als bereits verbraucht angerechnet. Tierische Produkte verbrauchen für ihre Herstellung erheblich mehr Wasser. Es muss nämlich berücksichtigt werden, dass ein Rind oder ein Schwein nicht nur Wasser trinkt, sondern auch Pflanzen als Nahrung aufnimmt, die bereits ihrerseits virtuelles Wasser verbraucht haben. Industrielle Produkte haben noch einen wesentlich höheren Verbrauch an virtuellem Wasser. Für die Herstellung von Baumwolle wird zum Beispiel sehr viel Wasser gebraucht, so dass die Herstellung eines T-Shirts bis zu 15.000 L Wasser benötigen kann. In der folgenden Tabelle ist angegeben, wie viel Wasser für die Herstellung einiger täglich verbrauchter oder benutzter Waren gebraucht wird. Hierbei ist zu beachten, dass auch die Werte für das virtuelle Wasser in jedem Land wieder verschieden angegeben werden.

Die folgenden Angaben betreffen Deutschland.

1 Tomate	70 g	13
1 Kartoffel	100 g	25
1 Tasse Tee	125 ml	35
1 Tasse Kaffee	125 ml	140
Weizen	1 kg	1.350
Reis	1 kg	3.000
T-Shirt	Baumwolle	4.100
1 Paar Schuhe	Rindsleder	8.000
1 Steak	1 kg	16.000
1 PKW		400.000
Bedarf eines Bürgers	**pro Tag**	**4.000**

Virtuelles Wasser in Liter

Zurück zum Wasserverbrauch für Deutschland, den das Statistische Bundesamt nach letzten Erhebungen mit 125 L/Einwohner und Tag angibt. Dieser Wert macht deutlich, dass Deutschland nicht zu den Ländern mit Wassermangel gehört. Nach den Informationen dieses Bundesamtes ist die Bevölkerung zu über 99 % an kommunale Wasserversorgungsanlagen angeschlossen. Das ist möglich, weil es in Deutschland viel Wasser gibt. Das trifft sowohl für die Fließgewässer, Bäche und Flüsse als auch für die Niederschläge zu. Auch die Qualität des Trinkwassers ist gut, es wird als das meistuntersuchte Lebensmittel bezeichnet. Hier gibt es allerdings Unterschiede. Es ist richtig, dass das Wasser so oft untersucht wird, dass die Bürger immer mit einwandfreiem Wasser versorgt werden. Es ist aber nicht immer so gut, dass es zum unbedenklichen Gebrauch freigegeben werden kann. In diesen Zustand muss es gelegentlich erst durch Bearbeitung gebracht werden.

In Deutschland wird das Trinkwasser aus verschiedenen Quellen gefördert:

Grundwasser und angereichertes Grundwasser	70,0 %
Quellwasser	8,5 %
See- und Talsperrenwasser	12,0 %
Uferfiltrat	8,0 %
Flusswasser	1,5 %
	100,0 %

Über 90 % des Trink- und Brauchwassers wird also aus dem Untergrund entnommen. Durch Wasserschutzgebiete wird es vor Verunreinigung geschützt und das Wasserhaushaltsgesetz bestimmt in mehreren Paragraphen, dass es so zu bewirtschaften ist, dass sein Zustand nicht verschlechtert wird. Auch die EU hat eine Richtlinie zum Schutz des Grundwassers vor Verschmutzung und Verschlechterung erlassen. Darin heißt es: (1) Das Grundwasser ist eine wertvolle natürliche Ressource, die als solche vor Verschlechterung und vor chemischer Verschmutzung geschützt werden sollte. Hier gibt es in der letzten Zeit aber immer mehr Gefahren.

Seit etwa 1970 werden immer mehr Nutztiere in großer Menge auf relativ kleinen Flächen gehalten. Der Frankfurter Zoodirektor Bernhard Grzimek verwendete erstmalig Das Wort „Massentierhaltung", das zunächst nur die schlechte Tierhaltung bei Legehennen in riesigen Hallen später aber auch die Intensivhaltung von Schweinen und Rindern bezeichnete. Der Wunsch der Verbraucher nach immer billigeren Produkten begünstigte diesen Trend. Dabei ging es dem Zoologen Grzimek, so wie auch den heutigen Tierschützern um das Wohl der Tiere. Wenn zu viele Tiere auf zu kleinen Flächen gehalten werden, gibt es außer dem fehlenden Tierwohl aber auch Probleme mit der Entsorgung der Abfälle, vor allem der Gülle. Um sie als Dünger einzusetzen, darf nur so viel auf eine Fläche aufgebracht werden, wie die Pflanzen in der belebten Bodenzone verarbeiten können. Was in dieser, etwa 40 cm starken Bodenzone nicht verarbeitet ist, fließt weiter in das Grundwasser. Hier macht sich die Gülle als immer mehr ansteigender Nitrat-Anteil bemerkbar. Nitrat ist im Wasser gelöst und muss in einem aufwändigen Verfahren aus dem Grundwasser entfernt werden. Die großen Tierhaltungsfabriken setzen außerdem viel Medikamente ein um Massenkrankheiten vorzubeugen. Davon landet auch ein Großteil in den Stoffwechsel – Endprodukten. Medikamentenrückstände können in der bewachsenen Bodenzone natürlich nicht verarbeitet werden und landen auch im Grundwasser.

Weiteres Unheil droht dem Grundwasser von dem sogenannten Hydraulic Fracturing, kurz Fracking genannt. Das ist ein Verfahren, mit dem man im Boden enthaltenes Gas herausholt. Da dieses Gas in Deutschland in Schiefergesteinen eingeschlossen ist, muss es mit viel Chemikalien und noch viel mehr Wasser aus dem Boden entfernt werden. Für eine Frac-Bohrung werden rd. 18 Millionen Liter Wasser verbraucht. Leider lässt sich das nicht rückstandslos durchführen, die im Boden verbleibenden Reste zerstören die Landschaft, vernichten Pflanzen und Tiere. Das Gas tritt in die Atmosphäre ein, wo das darin enthaltene Methan darauf eine verheerende Wirkung ausübt. Es ist für die Atmosphäre 20mal schädlicher als Co_2.

Historisches

Im ältesten Buch der Menschheit, der Bibel, wird das Wasser gleich zu Anfang im 1. Buch Mose erwähnt. Die Wissenschaft schätzt, dass der Verfasser der fünf Bücher Mose diese etwa 1000 bis 800 Jahre vor Christi Geburt geschrieben hat. Gleich nach der Schöpfungsgeschichte steht dort im 2. Kapitel, Vers 10: „Und es ging aus von Eden ein Strom, zu wässern den Garten und teilte sich von da in vier Hauptwasser." Die hier benannten Ströme haben bis auf den Euphrat zwar andere Namen, aber die Forschung ist sich sicher, dass es sich um die damals bekannten vier großen Ströme Nil, Indus, Euphrat und Tigris handelt. Als der Verfasser der fünf Bücher Mose diesen Vers auf Papyrus schrieb, waren die Quellen des Nils zwar noch nicht entdeckt, der Vers war aber sicher nicht als geographische Bestimmung gedacht, sondern eher als Wertschätzung. Was nämlich so kostbar und unverzichtbar war wie das Wasser, konnte nur aus dem Paradies stammen.

Als die Menschen sesshaft wurden, bauten sie ihre Hütten und später ihre Häuser in die Nähe der Flüsse, weil das Wasser immer größere Bedeutung für das Leben der Menschen bekam.

Wurde es zu nächst nur als Trinkwasser genutzt, brauchten sie es bald auch zur Herstellung der Nahrung, zur eigenen und zur Reinigung der Kleidung und der Wohnungen. Auch das Vieh, das die Menschen als Haustiere anschafften, wurde zum Tränken an die Bäche oder Flüsse geführt.

So entstanden die alten Kulturen an den Flüssen. Am Nil entwickelte sich die ägyptische Kultur. Imposante Bauwerke wie die Pyramiden entstanden. Es wurden aber auch schon Früchte auf den

Äckern angebaut, die dank der Überschwemmungen des Nils sehr fruchtbar waren. Auch wurden bereits Haustiere für die Feldarbeit eingesetzt.

Nordöstlich von Ägypten, in Vorderasien, liegt das Zweistromland. Dieses Gebiet, das griechisch Mesopotamien heißt, hat seinen Namen von den beiden Strömen Euphrat und Tigris, zwischen denen es liegt. Diese Ströme haben durch ihre Überschwemmungen ein fruchtbares Land geschaffen, das von mehreren Völkern besiedelt wurde. Zuerst kamen die Sumerer, später entstand hier das Babylonische Reich.

Als die Perser dann das Land eroberten, errichteten sie dort das Persische Weltreich. Dank der Fruchtbarkeit des Landes weckte es die Begehrlichkeit vieler Eroberer. So erweiterte auch Alexander der Große das hellenistische Reich um Mesopotamien und führte seinen Eroberungsfeldzug bis an den Indus, wo das indische Volk unter König Poros lebte.

Alle diese Völker haben das Wasser vernünftig genutzt, der Fluss war ihre Lebensader, wenn sie auch noch nicht viel darüber wussten. Dass der Fluss verschmutzt wird, wenn Menschen ihn auch benutzen, um ihr verbrauchtes Wasser wieder loszuwerden, ist verständlich. Dass er aber nicht schmutzig bleibt, wenn er nur in Maßen verschmutzt wird, liegt an einer Eigenschaft, die wir Selbstreinigungskraft nennen und die folgendermaßen funktioniert: Im Wasser befinden sich viele Lebewesen: mikroskopisch kleine wie Bakterien, kleine wie Algen, Muscheln, Krebse und dann die großen, die Fische, deren größte Exemplare Lachs, Hecht und Wels immerhin bis 2 m lang werden können. Die kleinsten Lebewesen nehmen nun die Verschmutzung als Nahrung auf und werden dann selbst von dem Nächstgrößeren gefressen. Je nach dem Grad der eingebrachten

Verschmutzung ist das Gewässer nach einer gewissen Fließstrecke wieder sauber.

Im Jahre 287 v. Chr. wurde in Syrakus, dem heutigen Siracusa, im Osten von Sizilien, der Mathematiker und Physiker Archimedes geboren. Er war sicherlich der größte Wissenschaftler des Altertums. Als Mathematiker hat er unter anderem Formeln zur Berechnung von Kreis, Kugel und Zylinder entwickelt. Dabei entstand die Zahl pi (π = 3,14 ...).

Von grundlegender Bedeutung für die Berechnungen der Wasserkraft und der hydraulischen Berechnungen, sowie für den Bau von Schiffen war vor allem seine Entdeckung von Schwerkraft und Auftrieb. Der Auftrieb, der auch als Archimedisches Prinzip bekannt ist, besagt, dass ein Körper im Wasser so viel Auftrieb erfährt, wie die von ihm verdrängte Wassermenge wiegt. Das bedeutet, dass die Wassermenge, die ein Schiff durch sein Eintauchen in das Wasser verdrängt, so viel wiegt, wie das ganze Schiff mit seiner Ladung Durch diese Erkenntnis ist es möglich Schiffe auch aus Materialien zu bauen, die schwerer sind als Wasser und nicht allein schwimmen können.

Um sein Leben und seine Entdeckungen ranken sich viele Fabeln und Legenden. Eine befasst sich mit der letztgenannten, wichtigen Erkenntnis, dem Archimedischen Prinzip. Danach soll ihm im Bad, als das von seinem Körper verdrängte Wasser über den Badewannenrand schwappte, die zündende Idee vom Auftrieb gekommen sein. Daraufhin, so die Fabel, sei er nackt durch die Straßen gelaufen und habe gerufen: „Heureka, ich hab's gefunden!"

Von seinem Tod im Jahre 212 v. Chr., als Syrakus von den Römern erobert wurde, wird eine andere Legende erzählt: Danach saß Archimedes in seinem Garten und hatte Kreise in den Sand gemalt, weil ihn ein mathematisches Problem beschäftigte, als ein römischer Soldat dort eindrang. Als er den Soldaten mit den Worten zurückhalten wollte: „Noli turbare circulos meos!" (Zerstöre meine Kreise nicht!), wurde er von diesem erschlagen. Dieser Ausspruch wurde in den deutschen Zitatenschatz aufgenommen. Störe meine Kreise nicht, sagt man, wenn man nicht belästigt werden möchte. Seine weiteren zahlreichen Entdeckungen als Physiker waren: Das spezifische Gewicht, die Gesetze des Hebels und der schiefen Ebene und vieles mehr. Aber auch in der Mathematik gehen grundlegende Berechnungen auf Archimedes zurück.

Wasserverschmutzung

Im Laufe der Jahrhunderte wuchs die Bevölkerung immer mehr an und die Verschmutzung vieler Gewässer übertraf das für die Selbstreinigungskraft erträgliche Maß. Das erste Ergebnis war, dass die Lebewesen im Wasser nicht ausreichten, um das Gewässer zu reinigen, das zweite war, dass die höheren, anspruchsvolleren Lebewesen infolge der Verschmutzung selbst nicht mehr überleben konnten. Das biologische Gleichgewicht war gestört und die Verschmutzung nahm immer mehr zu. Das steigerte sich mit dem Beginn der Industrialisierung.

Die Städte mussten reagieren, sie bauten Kläranlagen und Kanalnetze, um das durch den Gebrauch verschmutzte Wasser zu sammeln und zu reinigen. Die Wasserqualität der Flüsse besserte sich, erreichte aber nicht den ursprünglichen Reinheitsgrad, weil ein Anschluss aller Gebäude an das Abwassersystem viel Zeit in Anspruch nahm und auch viel Geld kostete. Als die Wasserspülung an den Toiletten erfunden und allgemein eingeführt wurde, war das zwar ein Fortschritt in der Hygiene und dem Wohnkomfort, aber die Abwassermenge stieg rasant an, die Kläranlagen mussten erweitert werden. Hatte man zunächst nur mechanische Kläranlagen gebaut, wurden jetzt auch biologische Stufen nachgerüstet oder neu erstellt, in denen die Selbstreinigung der Flüsse in technischen Bauwerken nachgemacht wird.

In den 70er Jahren des 20. Jahrhunderts gab es in der Nordsee ein großes, zunächst unerklärliches Robbensterben. Zuerst dachte man an eine Krankheit, von der die Tiere befallen wären. Man stellte schließlich fest, dass ein übermäßiges Algenwachstum dafür verantwortlich war. Die Algen verbrauchten Sauerstoff und weil sie sich so hemmungslos vermehrten, ging der Sauerstoffgehalt des Wassers stark zurück. Das führte dazu, dass sich zunächst der Stickstoff, der als Ammonium (NH4) im Wasser vorkommt, durch Sauerstoffmangel zu Ammoniak (NH3) veränderte. Das Ammoniak ist giftig, so kam es durch Ammoniakvergiftung zunächst zu einem Fischsterben. Da die Robben sich von den Fischen ernährten, verendeten sie in großer Zahl. Warum sich die Algen aber so sehr vermehrten, war einfach zu erklären. Sie wurden übermäßig gedüngt, und zwar mit Stickstoff, der zum Teil zu reichlich auf die landwirtschaftlich genutzten Flächen ausgebracht und von diesen bei Regen in die Gewässer gespült worden war. Aber auch durch die Kläranlagen wurde Stickstoff eingeleitet. Der Stickstoff wird von den Menschen mit der Nahrung aufgenommen und auch wieder ausgeschieden. Stickstoff ist nicht schädlich für die Gewässer und wurde darum nicht aus dem Abwasser entfernt. Als man diese Zusammenhänge erkannte, mussten alle Kläranlagen um eine dritte Reinigungsstufe nachgerüstet werden, um die Stickstoffverbindungen aus dem Abwasser zu entfernen.

Am 1. November 1986 gab es bei dem Schweizer Chemiekonzern Sandoz in Basel einen Großbrand in einer Lagerhalle. Durch das Löschwasser gelangten tonnenweise Gifte wie Herbizide, Fungizide und Insektizide in den Rhein. Obgleich eine stinkende Rauchwolke über der Stadt lag, wurden Menschen bei dem Unglück nicht verletzt. Der Schaden für den Rhein war allerdings unermesslich. Das blutrote Löschwasser zog eine 500 Kilometer lange Giftfahne flussabwärts, die alles Leben im Fluss vernichtete. Aber nicht nur Hunderte Tonnen Fische trieben tot den Rhein hinab, auch die gesamte Pflanzenwelt wurde vernichtet. Es war eine ungeheure Umweltkatastrophe, die von der Bevölkerung mit großer Anteilnahme verfolgt wurde und Großdemonstrationen auslöste. Wenn auch die Firma Sandoz große Summen als Entschädigung zahlen musste, konnte das vernichtete Leben damit nicht wiederhergestellt werden.

Eine Umweltkatastrophe dieses Ausmaßes zwingt die Politik natürlich zum Handeln. In der Folgezeit wurden gesetzliche Vorschriften erlassen, die helfen sollten, die Wiederholung eines solchen Vorfalles zu verhindern. Dazu wurde das „Aktionsprogramm Rhein" ins Leben gerufen, unter anderem mit dem Ziel, solche Krisen in Zukunft zu vermeiden.

Die Auswirkungen derartiger Katastrophen auf die Bürger haben jedoch noch eine zweite Seite. Gerne werden kleinere Umweltvergehen, vor allem die eigenen, damit entschuldigt, dass das bei Weitem nicht so schlimm sei, wie jener Vorfall bei Sandoz. Aber jede große Verschmutzung ist die Summe vieler kleiner.

Jeder hat sicher schon einmal an einer Quelle gestanden, vielleicht hat er auch einen Schluck von dem kristallklaren Wasser getrunken. Wanderer trinken etwas und füllen ihre Trinkgefäße oder lassen sich das kühle Nass über die verschwitzten Gesichter laufen. Hier holen sich Menschen Quellwasser, um damit ihren Tee aufzugießen, weil der besser schmeckt als der Tee, den man aus dem mit Chlor versetzten Leitungswasser aufgebrüht hat. Wenn der Bach einige Kilometer talwärts geflossen ist, vorbei an Wiesen, Äckern und Wäldern, hat er sich vielleicht durch ein Dorf oder eine kleine Stadt geschlängelt. Wer dann auf einer Brücke steht, wird erschrecken, wenn er auf das braune, trübe, möglicherweise muffig riechende Wasser sieht. Dann fragt man sich, was auf dieser relativ kurzen Strecke mit dem vorher so sauberen Wasser passiert ist.

Der Bach ist erst zwischen Feldern geflossen. Früher wurde zwischen dem Acker und dem Bach ein Arbeitsstreifen frei gelassen, auf dem man sich bei der Pflege der Bäume, die am Gewässer stehen, bewegen konnte. Heute pflügen die Bauern direkt bis an den Bach, um den Boden besser zu nutzen.

Schon mäßig starke Niederschläge schwemmen Erde in das Gewässer, zusammen mit dem darin enthaltenen Dünger. Beim Aufbringen von Gülle wird beim Wenden am Bach gelegentlich ein Schwall auf die Böschung gespritzt. Beim nächsten Regen fließt weitere Gülle in das Gewässer.

Auf der Gewässerstrecke, die an Wohngebäuden vorbeiführt, gibt es Regenwassereinleitungen. Die Kanäle entwässern Straßen, Wege und Plätze sowie Hausdächer. Sie sind alle nicht sauber. Der Schmutz von Fahrzeugen, Öl und Reifenabrieb, aber auch Tierkot wird mit dem Niederschlag in den Bach gespült. Leider passiert es oft, dass vorsätzlich Altöl in Straßenabläufe geschüttet wird. Beim Reinigen von Terrassen und Plätzen wird mit Waschmitteln gearbeitet, die danach in das Gewässer gelangen. Auch beim Waschen von Fahrzeugen werden Reinigungsmittel benutzt, die dann in das Gewässer geraten. Oft gibt es auch in den Häusern Fehlanschlüsse, wenn zum Beispiel der Bodenablauf der Waschküche nicht wie vorgeschrieben an den Schmutzwasserkanal angeschlossen wurde, sondern an den Regenwasserkanal.

Die Strecke des Baches, die durch Waldgebiete führt, ist meistens besonders verschmutzt. Hier wird bewusst Abfall in das Gewässer geworfen. Weil die Leute sich unbeobachtet fühlen, werfen sie in den Bach, was sie loswerden möchten. Von Kinderwagen, Möbelteilen, alten Fahrrädern, leeren Flaschen, Konservendosen, Gartenabfällen bis zu Autoteilen und Ölfässern mit und ohne Inhalt kann man fast alles finden, was Menschen entsorgen möchten.

Das sind die Gründe dafür, dass aus dem kristallklaren Wasser an der Quelle schon nach wenigen Kilometern eine trübe Brühe geworden ist. Solche Verschmutzungen überfordern natürlich die Selbstreinigungskraft des Gewässers. Besonders betrüblich ist es, dass alle diese Einleitungen vermieden werden könnten. Wenn die Menschen eine andere Einstellung zu dem kostbaren Nass hätten, sähen die Wasserläufe ganz anders aus, die Städte könnten viel Geld einsparen, das sie zurzeit für die Reinigung der Gewässer ausgeben müssen.

Dass diese Verschmutzungen bis in das Meer weitergetragen werden, konnte man im Jahr 2014 der Presse entnehmen. Ein Forscherteam der Universität Aarhus berichtete, dass die Todeszonen in der Ostsee, die von Meeresbiologen aus Dänemark, Schweden und Deutschland seit über 100 Jahren beobachtet werden, sich in den letzten Jahren besonders stark ausgebreitet haben. Von einer Todeszone in einem Meer spricht man, wenn der Sauerstoffgehalt des Wassers unter 2 mg/Liter absinkt. Dann ist das Leben der größeren Meeresbewohner, wie Fische, Krebse und Muscheln nicht mehr möglich. Die Todeszonen in der Ostsee sind die größten in der ganzen Welt. Ihre Größe ist im Beobachtungszeitraum von 100 Jahren von 5.000 Quadratkilometer im Jahr 1898 auf 60.000 im Jahr 2012 angewachsen. Als Ursachen wird neben der Erwärmung des Wassers auch der Eintrag von Nährstoffen durch die Landwirtschaft angegeben. Weiterhin die fehlende regelmäßige Durchmischung durch sauerstoffreicheres Wasser aus der Nordsee. Das Gotlandbecken, zentral in der Ostsee gelegen, gehörte zu den größten Laichgebieten des Kabeljaus, der sich, bedingt durch den Sauerstoffmangel immer mehr zurückzieht.

Gewässernutzungen und Gesetze

Als die Menschen begannen, an den Bächen und Flüssen zu siedeln, stellten sie bald fest, dass sie das Wasser nicht nur für ihre unmittelbaren Bedürfnisse, also zum Essen, Trinken und zur Reinigung, gebrauchen konnten. Der Fluss bot noch mehr. Sie sahen, dass in dem Wasser Fische lebten, die sie fangen und essen konnten.

Abb. 6: Flussfische

Zunächst fertigten sie Geräte zum Fischfang an: Angeln, Reusen und knüpften Netze. Sie legten auch Teiche neben den Bächen und Flüssen an, die nur der Aufzucht von Fischen dienten. Der Fischfang wurde damit zu einer der ersten Wassernutzungen.

An dieser Stelle muss eine weitere physikalische Besonderheit des Wassers angesprochen werden.

Alle Stoffe ziehen sich bei Kälte zusammen, bei Wärme dehnen sie sich aus. Wer aufmerksam beobachtet, dem fällt zum Beispiel auf, dass die Stromleitungen im Sommer weiter durchhängen als im Winter. Manchmal, wenn es sehr kalt ist, sind die Leitungen so gespannt, dass sie sogar reißen können. Ebenso war es früher mit den Bahnschienen, sie wurden mit kleinen Abständen verlegt. Im Sommer waren die Schienenstücke länger und die Abstände kürzer, im Winter gab es größere Schienenlücken, weil sich die Schienen zusammenzogen. Heute werden die Schienen lückenlos verlegt. Das spezifische Gewicht eines Stoffes, das heißt, was ein Stück gleicher Größe wiegt, ist leichter, je wärmer der Stoff ist und schwerer, je kälter er ist. Von diesem physikalischen Gesetz gibt es nur beim Wasser eine Ausnahme. Das Wasser dehnt sich nämlich nicht nur bei Wärme, sondern auch bei Kälte aus. Am schwersten ist das Wasser bei einer Temperatur von 5° C. Wenn es kälter wird, dehnt es sich aus, bei 0° C friert es zu Eis. Wenn es wärmer wird, dehnt es sich ebenfalls aus, bei 100° C kocht es, danach geht es in den gasförmigen Zustand über, wird zu Wasserdampf. Nehmen wir an, dass in einem Fischteich das Wasser eine Temperatur von 5° C hat. Wenn im Winter die Luft sehr kalt ist, wird auch das Wasser immer kälter. Wenn es sich dem Gefrierpunkt nähert, geschieht das natürlich an der Oberfläche, weil es hier mit der noch kälteren Luft in Berührung kommt. Dann bildet sich eine Eisschicht auf der Oberfläche des Teiches. Das Eis hat eine Temperatur von 0° C, ist also leichter als das etwas wärmere Wasser und schwimmt darum oben. Das heißt, der Teich friert von der Oberfläche her zu. Bei weiterhin kalten Lufttemperaturen wird das Eis an der Oberfläche immer dicker, darunter bleibt das Wasser flüssig und die Fische können den Winter überleben. Wenn der Teich vom Grund her zufrieren würde, kämen die Fische um, weil sie zum Schluss auf dem Eis lägen. Das ist auch der Grund, warum Eisschollen in den

Flüssen auf dem Wasser schwimmen, sie sind leichter als das etwas wärmere Wasser.

Als weitere Art der Wassernutzung ist der Transport von Gütern auf den größeren und großen Flüssen zu nennen. Zunächst ging es darum, Holzstämme, die am Oberlauf der Flüsse geschlagen wurden, auf dem Wasser zu transportieren.

Abb. 7: Einfaches Holzboot

Später baute man Schiffe und Kähne, mit denen auf den Flüssen Waren befördert wurden.

In seinem Liederzyklus „Die schöne Müllerin" beschreiben Franz Schubert und der Dichter Wilhelm Müller, wie ein Müllerbursche auf der Suche nach Arbeit am Bach entlangwanderte und schließlich findet, was er gesucht hat: „Eine Mühle seh' ich blinken, aus den Erlen heraus."

Diese Mühle, die der Müllerbursche im 19. Jahrhundert an einem deutschen Bach entdeckt, ist ein Wasserkraftwerk. Solche Wassermühlen gehörten zu den ältesten Maschinen, die von Menschen erfunden und entwickelt wurden. Da die Menschen schon immer in der Nähe der Flüsse siedelten, haben sie sich auch schon früh darüber Gedanken gemacht, wie sie die Bewegung des Wassers für sich nutzbar machen konnten.

Abb.8: Alte Wassermühle

Zuerst wurden Wasserräder entwickelt, die vom fließenden Wasser angetrieben wurden. Die ältesten sind aus Mesopotamien bekannt, wo sie als Schöpfräder zur Bewässerung der Felder eingesetzt wurden. Die ersten Mahlmühlen, mit denen aus Getreide Mehl gemahlen wurde, sind aus China, Ägypten und Persien bekannt, wo sie schon im 3. Jahrhundert v. Chr. errichtet wurden. In Europa waren es erst die Griechen und dann die Römer, die Wassermühlen bauten. In

Südfrankreich wurde ein Mühlenkomplex gefunden, der aus dem 3. Jahrhundert stammt und über ein Aquädukt mit Wasser versorgt wurde. Durch die Römer wurden Wassermühlen bereits zu der Zeit um Christi Geburt nach Deutschland gebracht. Das ist durch einen Fund bei Düren im Rheinland belegt. Nach den Kornmühlen wurden später auch Sägemühlen an den Wasserläufen gebaut, mit denen durch Wasserkraft Holz gesägt wurde. In den Gegenden, wo Erz vorkommt und abgebaut wird, werden ebenso Schmiedehämmer durch Wasserkraft angetrieben.

Im 20. Jahrhundert wurde die Wasserkraft dadurch noch weiter ausgebaut, dass in dafür geeignete Täler Talsperren gebaut wurden. Das Wasser treibt Turbinen an, mit denen Strom erzeugt wird.

Mit dem Beginn der Industrialisierung gab es im Ruhrgebiet eine Herausforderung besonderer Art. Im 19. Jahrhundert waren die heutigen Großstädte Bochum, Essen, Mülheim, Oberhausen, Duisburg, Gelsenkirchen und Dortmund noch Dörfer oder kleine Städtchen. Als dort die Bodenschätze Kohle und Eisenerz gefunden wurden, hat sich hier anschließend in raschem Tempo eine bedeutende Industrieregion entwickelt.

Große Firmen wie Krupp, Thyssen, Gute Hoffnungshütte, Küppersbusch siedelten sich an. Dazu kamen die Bergwerke und Zechen. Diese großen Fabriken brauchten natürlich viele Arbeitskräfte, viel mehr als in der Region lebten. Es wurden daher Arbeiter aus ganz Deutschland angeworben, die sich in der Region niederließen. Dadurch wuchs die Bevölkerung in kurzer Zeit gewaltig an. Die ehemals kleinen Städte und Dörfer wurden Großstädte. Die vielen Menschen brauchten viel Wasser, aber noch weit mehr Wasser benötigten die wie Pilze aus dem Boden schießenden Industriebetriebe. Es gab aber nur die Ruhr als Wasserlieferanten. Die nördlich gelegenen

Städte Gelsenkirchen und Dortmund mussten das Wasser aus der Emscher entnehmen. Die Wasserentnahme von Grundwasser aus Brunnen war schon lange nicht mehr möglich, weil durch den Bergbau die Brunnen trockengefallen waren. Die Emscher konnte allerdings den Bedarf nicht decken und so wurde Wasser aus der Ruhr in die Emscher gepumpt.

Die Situation schien ausweglos, man entnahm der Ruhr so viel Wasser, dass sie in niederschlagsarmen Zeiten praktisch leer war. Aus dem ehemals fischreichen Fluss war ein stinkendes Rinnsal geworden. Fische gab es nicht mehr. Wenn es gelegentlich ergiebige Regenfälle gab, konnte man das Wasser nicht ausreichend nutzen, es floss dann ungenutzt in den Rhein. In Zeiten mit vielen Niederschlägen erlebte das Sauerland etwas, was es früher nicht gegeben hatte: verheerende Hochwässer. Da die Bergwerke viel Holz brauchten, um die Stollen, aus denen die Kohle abgebaut wurde, abzustützen, war im Sauerland viel Holz gefällt und praktisch große Waldflächen kahlgeschlagen worden. Diese Freiflächen wurden mit schnell wachsenden Fichten bepflanzt. Zu spät bemerkte man, dass die Fichtenwälder das Regenwasser nicht festhielten. Während die Laubwälder mit ihrer dicken Humusschicht das Wasser wie ein Schwamm aufsogen und nur langsam wieder abgaben, floss es in den Fichtenwäldern schnell über den Boden, ohne nennenswert zu versickern. Die Folge waren katastrophale Überschwemmungen, die auch Häuser und Ställe vernichteten. Es dauerte Monate, um die Schäden zu beseitigen.

Außer dem akuten Wassermangel in der Ruhr gab es nun mit den immer wiederkehrenden Hochwässern im Sauerland ein zweites Problem. Um beide Probleme zu beseitigen, gründeten die an der Ruhr gelegenen Wasserwerke im Jahre 1899 den Ruhrtalsperrenverein. Die Fachleute rieten dazu, in einigen engen Tälern im Sauerland

Dämme zu errichten und das Wasser aufzustauen. Damit wollte man beide Probleme lösen:

1. das Wasser, das bei Starkregen immer ungenutzt abfloss, zurückzuhalten und den Wassernutzern in Trockenzeiten zur Verfügung zu stellen und
2. die Schäden bei Hochwasser zu verhindern oder wenigstens abzumildern.

In den Jahren bis 1904 waren bereits neun Talsperren mit einem Gesamtstauraum von 32 Millionen m³ gebaut und man glaubte, nun für längere Zeit den Wasserbedarf gedeckt zu haben. Der Bedarf im Ruhrgebiet stieg aber rasant weiter an. Dazu kam, dass das Jahr 1904 ein extrem trockenes Jahr mit wenigen Niederschlägen war.

Die Verantwortlichen im Ruhrtalsperrenverein beschlossen darum, nun eine wirklich große Talsperre zu bauen. Die Wahl fiel auf die Möhnetalsperre. Nach den Vorarbeiten und Planungen begannen die Arbeiten im Jahre 1908. Am 12. Juli 1913 wurde sie als die damals größte Talsperre in Europa feierlich eingeweiht.

Diese Vielzahl an Wassernutzungen brachte natürlich Konflikte mit sich. Es gab einige Nutzungen, die sich nicht miteinander vertrugen, zum Beispiel die Einleitung von verschmutztem Wasser und die Entnahme von Trinkwasser, man spricht dann von konkurrierenden Nutzungen. Als die Bevölkerungsdichte noch gering war, half man sich auf einfache Weise. So wird erzählt, dass eine Brauerei an der Emmer, einem Zufluss der Weser, einen Tag vor dem Brautag einen Mitarbeiter mit einer Glocke durch das Dorf gehen ließ, der ausrufen musste: „Heute wird bekannt gemacht, dass niemand in die Emmer macht, denn morgen wird gebraut."

Seit dem frühen Mittelalter wird in Deutschland die Wasserkraft genutzt. Wer eine solche Nutzung betrieb, konnte sich zunächst noch nicht auf ein Nutzungsrecht stützen. Es gab stattdessen Begriffe wie Privileg, Konzession, Dienstbarkeit oder Verleihung. Mit zunehmender Bevölkerungsdichte entstanden häufiger Streitereien über solche Nutzungen, Gerichte wurden angerufen. Die konnten natürlich nur Recht sprechen, wenn es Gesetze gab, auf die sie sich stützen konnten. In manchen Gebieten gab es Erlasse, die sich auf einzelne Bereiche bezogen.

Mit dem Preußischen Wassergesetz von 1913 existierte erstmals eine umfassende Gesetzessammlung, die für ein größeres Gebiet Geltung besaß. Dieses Gesetz hat immerhin die zwei Weltkriege im 20. Jahrhundert überdauert. Im Jahre 1957 wurde das Preußische Wassergesetz durch das Wasserhaushaltsgesetz der Bundesregierung Deutschland abgelöst. Dieses Gesetz ist das Rahmengesetz für die verschiedenen Landeswassergesetze, die nun alle Rechte rund um das Wasser in Deutschland regeln.

Am 12. Dezember 2000 ist die Europäische Wasserrahmenrichtlinie in Kraft getreten. Diese Richtlinie gilt für das gesamte Gebiet der Europäischen Gemeinschaft.

Da auch die Flüsse nicht an Ländergrenzen Halt machen, ist es sinnvoll, dass auch die Gesetze über Ländergrenzen hinweg gelten. Das Wasserhaushaltsgesetz und die verschiedenen Landeswassergesetze sind inzwischen an diese Richtlinie angepasst worden.

Hochwasser

Im Jahre 2002 gab es an der Elbe ein besonders heftiges Hochwasser. Auch andere Flüsse waren betroffen. Man sprach damals von einem Jahrhunderthochwasser, also einem Hochwasser, das sich nur einmal in hundert Jahren ereignet. Grund für diese Hochwasserkatastrophe waren besonders starke Regenfälle im August. Schon Anfang des Monats waren im Erzgebirge große Regenmengen niedergegangen. Dann gab es am 12. und 13. August weitere starke Niederschläge. Der Wald befand sich dort in einem schlechten Zustand, so dass er seine Rolle als Wasserspeicher nur noch in eingeschränktem Maße erfüllen konnte. Daher war er am 12./13. August nicht in der Lage, weiteres Wasser zu speichern. Die Niederschläge stürzten über den aufgeweichten Boden in die Wasserläufe ab, die rasch anstiegen, zum Teil um das Mehrfache ihrer normalen Größe. Die Folge waren Überflutungen von Siedlungsgebieten, Deichbrüche, Zerstörungen von Brücken und Straßen. Wasserversorgungsanlagen und Klärwerke wurden überspült und dadurch unbrauchbar. Telefon und Stromversorgungen fielen in vielen Gegenden aus. Die Schäden waren gewaltig, es gab auch Todesopfer. Tausende Helfer arbeiteten bis zur völligen Erschöpfung, um Deiche zu erhöhen oder zu verstärken. Technisches Hilfswerk und Bundeswehr waren im Einsatz. Täglich wurde im Fernsehen in den Nachrichten, in Brennpunkten und Sondersendungen darüber berichtet. Man sah völlig verzweifelte Menschen vor ihren zerstörten Häusern, aus denen sie unbrauchbare Geräte und verdorbene Lebensmittel herausholten. Immer wieder wurde die Frage gestellt, was die Ursache dieser Katastrophe sei und ob es Schuldige gäbe.

Die Schuldfrage ist immer einfach zu stellen, die Antwort aber nicht so einfach zu geben. Auch wenn die Frage gestellt wird, warum man die Deiche nicht gleich höher und breiter baut, damit sie weder brechen noch überflutet werden können. Die Fragesteller gehen fälschlicherweise davon aus, dass es normal und richtig wäre, dass große Flüsse eingedeicht werden. Das ist aber nicht so.

Beginnen wir erst einmal damit, uns zu fragen, ob der Standort der Häuser, die im Fernsehen gezeigt werden und die direkt neben dem Deich stehen, der richtige ist. Die nächste Frage ist, warum der Fluss, egal um welchen Fluss es sich handelt, eingedeicht werden muss.

Die Eindeichung von Flüssen wirft noch andere Probleme auf. Wir haben auf den Fernsehbildern gesehen, dass zum Teil Häuser direkt hinter dem Deich stehen, deren Dächer kaum höher sind als der Deich. Das Regenwasser, das außerhalb der Deiche auf die Dächer der Häuser, auf die Straßen und alle sonstigen befestigten Flächen fällt, kann im Hochwasserfall nicht in die Flüsse gelangen, weil deren Wasserstand ja innerhalb der Deiche wesentlich höher ist. Es durchfeuchtet den Deichfuß von der Rückseite her, vielfach wurden Deiche so unterspült. Es ist außerdem klar, wenn man die Elbe eindeicht, dann muss man auch alle Nebenflüsse eindeichen, sonst ergießt sich die Flut über die Nebenflüsse auf das Hinterland. Große Schäden sind übrigens in diesem Fall durch die Mulde entstanden, einem Nebenfluss der Elbe.

An dieser Stelle muss ein weiterer Begriff eingefügt werden: die Flussaue. Das ist der Bereich, in dem die Schäden durch Überflutung entstanden sind. Wenn im Bereich der Flussaue Siedlungen errichtet werden, ist das ein Fehler der Stadtplaner. Und wer denkt, dass diese Siedlungen vor Hochwasser geschützt werden können, wenn man den Fluss eindeicht, macht einen weiteren Fehler. Der Wasserspiegel in der Elbe ist durch die Deiche angehoben worden, nicht durch das Hochwasser. Wo es keine Deiche gibt, können keine Deiche brechen. Man muss sich von der Vorstellung freimachen, dass der Deich nur hoch genug gebaut werden muss, damit er sicher ist. Wenn der Deich noch höher gebaut wird, hebt sich der Wasserspiegel auch höher an, die Wasserkraft, die auf die Deiche einwirkt, wird ebenfalls größer.

Der Deich ist ja nicht von Natur entstanden, die Menschen haben durch ihn den natürlichen Zustand des Gewässers verändert. Sehen wir uns zum Beispiel den Nil an. Er bildet, bevor er in das Mittelmeer mündet, ein Delta von mehr als 200 km Breite. Jedes Jahr tritt dieser gewaltige Fluss einmal über seine Ufer und überschwemmt das gesamte Delta. Dabei wird das ganze Gebiet mit einem fruchtbaren Schlamm bedeckt. Wenn das Wasser abgeflossen ist, pflügen und graben die ägyptischen Bauern diesen Schlamm in ihre Böden ein. Das Nildelta ist, dank dieser natürlichen Düngung, die Kornkammer Ägyptens. Sonst gibt es sehr wenig Vegetation in diesem Land. Dem Nil wird sein Flussbett gelassen und er bedankt sich dafür mit einer Hilfe für den Ackerbau.

In vielen Gegenden Deutschlands lassen die Menschen den Flüssen nicht das Bett, das sie sich in Jahrtausenden selbst gesucht haben. Die Planer verändern es, wenn sie glauben, andere Pläne verwirklichen zu müssen. Auch dafür ist dieses Hochwasser ein Beispiel. Große Teile der in Dresden entstandenen Schäden wurden durch die Weißeritz verursacht, einem Nebenfluss der Elbe. Dieser Fluss war im Zuge des Eisenbahnbaus im 19. Jahrhundert verlegt worden. Bei der Flutwelle im Jahr 2002 suchte er sein altes Flussbett wieder auf und folgte dessen Verlauf. Dabei überflutete er den tiefer liegenden Gleiskörper und den gesamten Dresdner Hauptbahnhof.

Der beste Hochwasserschutz für die Siedlungen ist es, die Flussauen von Bebauung frei zu halten.

Die folgenden Skizzen sollen zeigen, wie sich das Abflussverhalten im und am Gewässer verändert, wenn der Fluss eingedeicht wird:

Die erste Skizze zeigt einen Fluss, neben dem an beiden Seiten ein 6 m hoher Deich gebaut wurde, damit gleich hinter dem Deich die Wohngebäude errichtet werden können. Die zweite Skizze zeigt den Fluss ohne Deiche in der Flussaue, die sich je 500 m zu beiden Seiten erstreckt.

Es wird angenommen, dass der ursprüngliche Fluss 2 m tief, sowie 20 m breit an der Sohle und 30 m breit zwischen den Böschungsoberkanten ist. Bis zu einer Wassertiefe von 2 m ist der Durchflussvorgang mit und ohne Deiche gleich. Das heißt, es fließt die gleiche Wassermenge durch das Profil, das in der ersten Skizze mit F_1 bezeichnet wurde. Wenn bei Hochwasser vom Oberlauf her größere Wassermengen ankommen, würde das Wasser in der zweiten Skizze ausufern, das heißt, über die Ufer treten. In der ersten Skizze würde es zwischen den Deichen aufgestaut. Es kann bis zu 6 m hoch angestaut werden. Dann wird zusätzlich eine Fläche von $F_2 = 288$ m² durchflossen. Das entspricht in der zweiten Skizze einer Wassertiefe von 0,29 m.

Wenn bei Hochwasser das Wasser bis an die Deichkronen ansteigen würde, es wäre dann also insgesamt 8 m tief, würde die Aue im Vergleich dazu nur 29 cm hoch überflutet.

Wenn dieser Fall eintreten und das Wasser bis zur Deichkrone ansteigen würde, gäbe es im ersten Fall, bei dem mit Deichen geschützten Fluss bereits Katastrophenalarm. Die Feuerwehr, das Technische Hilfswerk, vielleicht auch die Bundeswehr würden mit Tausenden von Sandsäcken die Deiche verstärken, denn bei dieser Wassertiefe wäre der Wasserdruck sehr hoch und die Gefahr von Deichbrüchen wäre sehr groß.

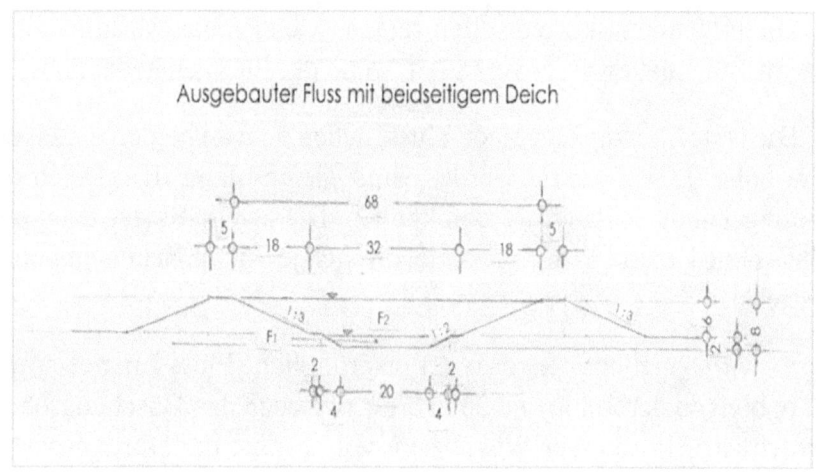

Abb. 9: Ausgebauter Fluss mit beidseitigem Deich

Im Vergleich dazu könnte man, wenn die gleiche Wassermenge den Fluss in der Aue passieren würde, so wie er in der zweiten Skizze dargestellt ist, ohne Gefahr in Gummistiefeln durch die Aue gehen und es gäbe keinen Katastrophenalarm.

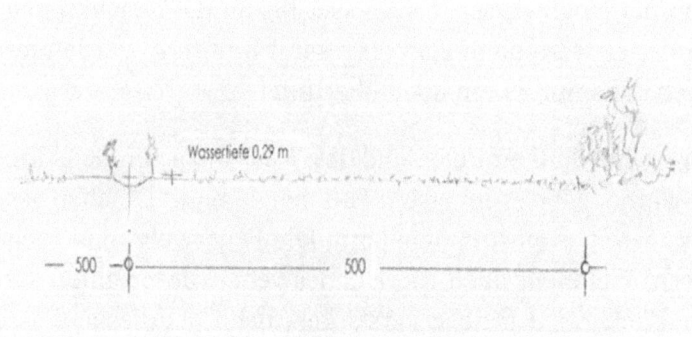

Abb. 10: Naturbelassener Fluss mit Aue

Am Rhein gibt es seit Jahren ein ähnliches Problem. Die Häuser in der Altstadt von Köln stehen ganz dicht am Rhein, selbst der Dom steht zu nah am Wasser. Auch hier gibt es keine Rheinaue, die das Wasser aufnehmen könnte. Die Restaurantbesitzer in der Altstadt haben sich bereits damit abgefunden, dass sie ihre Lokale mindestens einmal im Jahr renovieren müssen. Im Hochwasserfall werden mobile Trennwände errichtet, die allerdings oft nicht hoch genug sind und überflutet werden. Solche Trennwände kann man nicht beliebig erhöhen, sie halten den Wasserdruck nur bis zu einer bestimmten Höhe aus. Auch hier kann man fast jährlich die Schäden im Fernsehen begutachten. Geändert wird nichts. Auch an der Elbe und ihren Nebenflüssen gab es bereits 1997 ein Hochwasser, das als Jahrhunderthochwasser bezeichnet wurde. Die Schäden waren vergleichbar, die Gründe leider auch.

Andernorts am Rhein ist man allerdings einsichtiger. Es gibt an vielen Stellen freie Auen, die bei großen Hochwässern überfluten können. Um aber überall die Rheinauen von der Bebauung freizuhalten oder bereits bebaute Auen wieder frei zu legen, ist es noch ein sehr steiniger Weg. Der Rhein hat außerdem große Nebenflüsse wie die Mosel oder den Neckar, für die das Gleiche gilt.

Meere und Ozeane

Im Gegensatz zu dem Wasser in den Bächen und Seen ist das Wasser im Meer sehr salzig, trinken kann man es nicht. Da wir wissen, dass die Meere aus den Flüssen gespeist werden, wundern wir uns über diesen Salzgehalt, den es in den Bächen und Flüssen nicht gibt. Wir fragen uns deshalb, woher dieses Salz kommt. Da alles Wasser ausschließlich aus den Flüssen kommt, muss also auch das Salz von den Bächen und Flüssen in das Meer transportiert worden sein. Um das verstehen zu können, muss zunächst etwas über die chemische Zusammensetzung des Wassers gesagt werden:

Ein Wassermolekül, das ist die kleinste Einheit, besteht aus einem Sauerstoffatom, das zwei Wasserstoffatome an sich gebunden hat. Die chemische Formel heißt: H_2O. Diese Bindung ist stabil, sie löst sich nicht von selbst. In dieser reinen Form kommt Wasser in der Natur allerdings nicht vor. Es enthält zum Beispiel gelöste Salze, die das Grundwasser aus den Gesteinen gewaschen hat. Außerdem enthält Wasser gelöste Gase, Sauerstoff, Stickstoff und Kohlendioxid. Der Sauerstoff ist dabei für die im Wasser lebenden Tiere und Pflanzen von besonderer Bedeutung. Aber kommen wir noch einmal zu den gelösten Salzen zurück. Den Hauptanteil macht das Natriumchlorid aus, das wir gewöhnlich Kochsalz nennen, die chemische Formel ist NaCl. Außerdem gibt es noch Magnesium, Kalium und Calcium, allerdings verglichen mit dem Natriumchlorid in verschwindend geringen Mengen. Die Konzentration der gelösten Salze im Quellwasser ist so gering, dass man sie nicht schmecken kann. Wenn diese Beimengungen allerdings nicht im Wasser wären, wie es bei destilliertem Wasser ist, würde es uns nicht schmecken.

Da alle diese Substanzen in Wasser löslich sind, verändern sie das Aussehen des Wassers nicht. Man kann einmal folgenden Versuch machen: Wir nehmen ein Liter Wasser, das sind 1000 g, und lösen darin 100 g Salz auf. Das ergibt einen Anteil von 10 % Salz in dem Wasser. Wenn das Wasser so lange kocht, bis es sich auf die Hälfte reduziert hat, also auf 500 g, stellen wir fest, dass die 100 g Salz unverändert im Wasser geblieben sind. Wir haben nun einen Salzgehalt von 20 %, das Wasser ist also salziger geworden. Das bedeutet, dass bei der Verdunstung des Meerwassers nur das Wasser verdunstet, nicht die darin enthaltenen Salze. Dadurch ist das Meerwasser immer salzhaltiger geworden. Es enthält so viel Salz, dass man es nicht mehr trinken kann. Der Salzgehalt der Meere beträgt im Durchschnitt 3,5 %. Er ist aber nicht in allen Meeren gleich. Außer dem Kochsalz, dem Natriumchlorid, befinden sich im Meerwasser auch Magnesium, Calcium und Kalium, sowie Spuren von Jod.

Am Mittelmeer gibt es Salzgewinnungsanlagen. Dort wird salziges Meerwasser in große flache Becken gepumpt. Die ständige hohe Sonneneinstrahlung auf die große Oberfläche lässt das Wasser verdunsten, so dass das Salz übrig bleibt, das dann als Meersalz verkauft wird. Der hohe Salzgehalt des Meerwassers wirkt sich außerdem auf den Gefrierpunkt aus, Meerwasser gefriert erst bei etwa -1,7° C.

Wer von den sieben Weltmeeren spricht, meint gewöhnlich die Gesamtheit der Ozeane. Diese Aufzählung ist nicht einheitlich, üblich ist die folgende Unterteilung:

1. der Atlantische Ozean,

2. der Pazifische Ozean,

3. der Indische Ozean,

4. das Nordpolarmeer,

5. das Karibische Meer mit Golf von Mexiko,

6. das Australische Meer und

7. das Mittelmeer.

Als wirklich große Ozeane kann man aber nur die ersten drei bezeichnen, die anderen vier Meere sind hauptsächlich als Teile der großen drei anzusehen. Welches nun ein Weltmeer ist und welches ein kleineres, ist aber nicht so entscheidend, denn sie sind alle miteinander verbunden und bilden eine riesengroße Wasserfläche, die 71 %, also fast 3/4 der gesamten Erdoberfläche ausmacht.

Nun ist das nicht nur ein großer Topf, in den alle Flüsse einmünden. Auch die Meere haben ihre Gesetzmäßigkeiten. Das Meer ist nämlich, wie die Bäche und Flüsse, immer in Bewegung, so als wenn jemand mit einem großen Kochlöffel diesen großen Topf umrühren würde und damit in ständiger Bewegung hielte. Man spricht von Meeresströmungen, das sind Strömungen in den Ozeanen, die von einem in das andere Meer verlaufen und dabei gewaltige Wassermassen transportieren.

Fangen wir einmal mit einem Strom an, von dem sicher schon jeder gehört hat, dem Golfstrom, der durch den Nordatlantik zieht. Er beginnt im Golf von Mexiko, wo sich der Antillen-, der Yucatan- und der Floridastrom vereinigen und sich als Golfstrom in nordöstliche Richtung zunächst parallel zum amerikanischen Festland und dann nach Osten in den Nordatlantik bewegt. Der Golfstrom verläuft an Island und Norwegen vorbei auf Spitzbergen zu. Er ist sozusagen die Warmwasserheizung von Nordeuropa. Ohne ihn würden wir nicht von Irland als grüner Insel sprechen können. Der Golfstrom bewegt große Wassermassen. Er ist etwa 50 km breit und 1000 m tief. Er hat eine ziemlich große Geschwindigkeit von 2,5 m/s und bewegt damit etwa 150 Millionen Kubikmeter Wasser pro Sekunde durch den Atlantik. Die Hauptstromrichtung wird ständig verändert, weil der Golfstrom mäandrierend, also hin und her schwingend verläuft. Dabei bilden sich Wirbel von 100 bis 200 km Durchmesser, die manchmal eine Lebensdauer von mehreren Monaten haben können. Wenn der Golfstrom nun vor Spitzbergen und vor Grönland, wo er sich aufteilt, auf den Festlandsockel trifft, wird die Sache so richtig spannend. Wo bleiben dann die riesigen Wassermengen?

Abb. 11: Der Golfstrom

Hier wirkt sich die bereits erwähnte physikalische Besonderheit des Wassers aus, dass Wasser seine größte Dichte bei einer Temperatur von + 4 bis 5° C hat. Gehen wir noch einmal zurück an den

Beginn des Golfstromes in den Golf von Mexiko. Hier hat das Wasser eine Temperatur von etwa 27° C. Bei seinem Weg durch den Atlantik verliert es natürlich an Temperatur, weil es Wärme abgibt. Wenn der Strom sich vor Island teilt, beträgt seine Temperatur noch etwa 10° C. Dann trifft er auf das Wasser, in dem Eisberge treiben. Da Meerwasser erst bei etwa -1,7° C gefriert, hat das Wasser hier höchstens 0° C. Das Wasser des Golfstromes verliert in dieser Umgebung natürlich schnell an Temperatur. Wenn diese etwa + 4 bis 5° C beträgt, hat das Wasser seine größte Dichte erreicht, das heißt, dass es schwerer ist als das Wasser in dieser Region. Darum sinkt es in dem kälteren Wasser bis auf den Meeresboden, wird vom Festlandsockel umgelenkt und fließt südwärts wieder zurück. Das Ganze wirkt wie eine riesige Pumpe, die auch die tiefen Schichten in Bewegung bringt. Dadurch, werden alle Bereiche mit Sauerstoff versorgt, was für alle Lebewesen im Wasser wichtig ist.

Dieser nun erkaltete Strom, der in tieferen Schichten durch den Atlantik zurückfließt, umrundet Afrika im Süden und fließt in das nächste große Meer, den Indischen Ozean. Hier teilt er sich. Der erste Teilstrom bewegt sich nordwärts Richtung Indien, der zweite fließt südlich an Australien vorbei, ändert seine Richtung und fließt dann nordwärts in den Pazifischen Ozean. In der Äquatorregion wärmen sich beide Ströme auf und treiben als warme Oberflächenströme wieder zurück.

Die beiden Hauptströme sind nicht die einzigen Meeresströme. Von den großen Strömen zweigen kleinere Strömungen ab oder vereinigen sich mit den großen. Durch diese Meeresströme werden die Weltmeere immer in Bewegung gehalten, tiefere Schichten werden nach oben gewälzt, so dass immer überall Sauerstoff, den alle Lebewesen brauchen, in das Wasser gelangen kann.

Verschmutzung der Meere

Jacques Cousteau und andere, die mit kleinen Schiffen auf den Meeren unterwegs waren, haben berichtet, dass überall auf den Weiten der Ozeane Verunreinigungen durch die verschiedensten Stoffe festzustellen sind. Frachtschiffe, die Öl transportieren, verlieren oft ihre Ladung wegen vorhandener Mängel an den Schiffen oder den Öltanks. Oft sind es auch vorsätzlich herbeigeführte Verunreinigungen, wenn ein solcher Tanker, nachdem er in einem Hafen seine Ladung gelöscht hat, wieder auf das Meer hinausfährt, um die Tanks mit kostenlosem Seewasser zu reinigen und die Ölrückstände dabei im Meer zurücklässt. Viele Frachtschiffe machen sich auch nicht die Mühe, ihre Abfälle in ihrem Zielhafen zu beseitigen. Das Meer nimmt ja alles auf.

Der internationalen Schifffahrt sind inzwischen große Wirbel aus Kunststoffresten bekannt, 5 riesige Ansammlungen von Plastikmüll in den Weltmeeren, je zwei im Atlantik und Pazifik und eine im Indischen Ozean.

In den Jahren 2010 und 2011 haben französische Wissenschaftler eine Untersuchung über die Müllbelastung des Mittelmeeres durchgeführt. Sie stellten fest, dass es Milliarden von kleinen Plastikteilchen im Mittelmeer gibt. Der Plastikmüll hat sich durch die Wellenbewegung und die Brandung in kleine Teilchen aufgelöst, die von den Fischen aufgenommen werden und so in die Lebensmittelkette gelangen. Inzwischen ist diese Müllbelastung im Mittelmeer konzentrierter als im Atlantik und Pazifik. Die Aussicht für die Zukunft ist leider sehr schlecht. Wenn die Verschmutzung in diesem Tempo weitergeht, so glaubt man, ist das Mittelmeer in 30–40 Jahren biologisch tot.

Es ist unvorstellbar, was dann aus den wunderschönen Küstenlandschaften wird, der Côte d'Azur mit dem atemberaubenden Blick von der Grande Corniche auf das Meer, der Riviera, der Toskana mit den sanft geschwungenen Hügeln im Hintergrund. Oder, was wird aus den vielen kleinen Inseln in der Ägäis?

Das Schlimmste aber ist dann der Zustand des Wassers, in dem es keinen Sauerstoff und keine Fische und sonstige Lebewesen mehr geben wird.

Auf einer Fläche von Millionen von Quadratkilometern wird dann das Mittelmeer eine riesige, stinkende Brühe sein.

Weitere Verschmutzungen der Meere geschehen dadurch, dass auf dem Meer Öl transportiert wird. Das bisher größte Öltankerunglück geschah am 24. März 1989 in der Arktis, als die Exxon Valdez auf ein Riff gelaufen war und dadurch leckgeschlagen wurde. 40.000 Tonnen Öl liefen damals ins Meer. Die Presse berichtete ausführlich darüber, Millionen Menschen sahen täglich voller Abscheu, welche Auswirkungen das Unglück für die Tierwelt hatte. Heute, nach über 20 Jahren spricht niemand mehr darüber, die Kiesstrände von Alaska sind immer noch mit Öl verschmiert. Auch heute noch verenden Tiere an der Vernichtung ihres Lebensraums.

Die Ölbohrungen auf dem Meeresboden sorgen inzwischen für immer neue Schlagzeilen in der Presse. Am 20. November 1990 versuchten Ingenieure der Firma Mobil Oil vor der Küste Schottlands ein vermutetes Ölfeld anzubohren. Sie trafen allerdings nur auf Gas. Es gab eine Explosion, die auf dem Meeresboden einen Krater von etwa 75 m Durchmesser und 20 m Tiefe riss. Seitdem tritt dort in großer Menge Methangas aus, das zum Teil im Wasser gelöst wird, zu einem anderen Teil aber in riesigen Blasen an der Oberfläche austritt. Es gelang nicht, den Austritt von weiterem Gas zu verhindern, so tritt weiterhin, seit über 20 Jahren, aus den nicht verschlossenen Löchern Gas aus. Die für diesen Unfall Verantwortlichen haben ihre Bemühungen, die entstandenen Öffnungen zu verschließen, eingestellt. Sie haben den Ort verlassen und den Explosionskrater sich selbst überlassen. Und das Gas strömt weiter.

Am 20. April 2010 explodierte im Golf von Mexiko die Bohrinsel Deepwater Horizon. Die Ingenieure der Ölfirma BP hatten gerade ein Ölfeld tief unter dem Meeresboden angebohrt, als ein Sicherheitsventil versagte und sie die Kontrolle über ihre Arbeiten verloren. Öl und Gas schossen unkontrolliert aus der Tiefe nach oben. Da ein solches Gemisch leicht entzündlich ist, explodierte es auf der Bohrinsel. Dabei fanden elf Arbeiter den Tod. Die Bohrinsel sank wenig später.

Abb. 12: Brand auf der Bohrinsel Deepwater Horizon

Die Meldung allein war wenig spektakulär, Wir sind Katastrophenmeldungen gewohnt. Die Weltöffentlichkeit bemerkte aber bald, dass es sich bei diesem Unfall um ein Ereignis ganz anderer Größenordnung handelte als alle Ölunfälle davor, denn das Öl schoss aus dem Bohrloch ungehindert in das Wasser des Golfs von Mexiko und die Verursacher waren nicht in der Lage, das Bohrloch zu verschließen. Jeden Tag flossen mehrere Millionen Liter Öl aus. Täglich wurde in den Medien über die Versuche berichtet, die von den verantwortlichen Ingenieuren unternommen wurden, um das Bohrloch zu verschließen. Entsetzt konnte man feststellen, dass für solche Unfälle kein Notfallplan ausgearbeitet war. Erst nach dem Unglück wurde überlegt, wie man die Bohrlöcher verschließen könnte. Die dilettantischen Versuche der Ingenieure von BP erinnerten an das Gedicht „Der Zauberlehrling" von Goethe: „Herr die Not ist groß! Die ich rief, die Geister, werd' ich nun nicht los."

Wer nun erwartet hatte, dass die amerikanische Regierung einschreiten und selbst tätig werden würde, sah sich getäuscht. Die Behörde, die der Firma BP die Genehmigung erteilt hatte, in einer Tiefe von 1.500 Metern zu bohren, hatte offenbar keine besonderen Sicherheitsmaßnahmen vorgeschrieben. Bis dahin galt das Öltankerunglück mit der Exxon Valdez als die größte Umweltkatastrophe. Allerdings sind die 40.000 Tonnen Öl, die dabei in das Meer geflossen sind, so viel wie in knapp einer Woche in den Golf von Mexiko. Das zeigt, in welche Größenordnung diese Katastrophe einzustufen ist.

Während das Öl weiter ins Meer floss, hat der amerikanische Präsident Barack Obama sich bemüht, weitere Katastrophen zu verhindern und untersagte andere Ölbohrungen im Meer, vor allem im Golf von Mexiko. Allerdings haben amerikanische Gerichte dieses Verbot für unrechtmäßig erklärt, die Ölfirmen dürfen also ungestraft ihr gefährliches Spiel weiter betreiben.

Was die Richter wohl zu dieser Beurteilung der Sachlage bewogen hat? Ob die Gerichte ihre Urteile im Namen des Volkes verkündet haben? Sicher nicht im Namen der Fischer, die ihre Existenzgrundlage verloren haben, und auch nicht im Namen der Menschen, die jetzt an ölverschmierten Küsten leben müssen. Auch nicht im Namen der Urlauber, die sich an den Stränden erholen wollten oder im Namen der vielen freiwilligen Helfer, die ölverschmierte Seevögel reinigen. An die Milliarden von Meerestieren, die jetzt verenden, können sie nicht gedacht haben, sonst wäre ein solches Urteil nicht möglich gewesen.

Es hat 88 Tage gedauert, bis es endlich gelang, das Bohrloch zu verschließen. In dieser Zeit sind etwa 780 Millionen Liter Öl in den Golf von Mexiko geflossen. Die Sachlage ist aber gefährlicher als frühere Ölunfälle, bei denen das Öl auf dem Wasser blieb und dort, wenn auch mühsam, entfernt werden konnte. Nach diesem Ereignis treibt nicht nur auf der Wasseroberfläche ein gewaltiger Ölteppich, unterhalb der Wasseroberfläche wabern ebenfalls riesige Ölmengen in einer Tiefe von bis zu 100 Metern. In diesem Bereich halten sich viele Fische auf, die dort ihre Nahrung aufnehmen und nun alle verenden. Es fällt schwer, sich vorzustellen, dass sich die Tier- und Pflanzenwelt im Golf von Mexiko je wieder von diesem Unfall erholen wird.

So unvorstellbar dieses Unglück und seine Folgen sind, so droht eine noch größere Katastrophe, wenn die gewaltigen Ölmassen in den Sog des Golfstromes geraten. Dann wird auch das Wasser im Nordatlantik verseucht, wo es jetzt noch von sehr guter Qualität ist. Dort werden in vielen Aqua-Kulturen Lachse und andere Fische herangezogen. Mit dem Golfstrom würde das Öl auch in die Tiefsee gelangen. Die Ölkatastrophe im Golf von Mexiko würde zuerst den Nordatlantik und dann die Gesamtheit der Meere erfassen. Wissenschaft ler machen sich inzwischen Gedanken darüber, wo diese gewaltigen Ölmengen geblieben sind. 780 Millionen Liter Öl sind nicht entsorgt worden. Der Spiegel brachte in seiner Ausgabe Nr. 7/2010 auf der Titelseite die Überschrift:

„Warum zerstört ihr unsere Welt?

Die gefährliche Suche nach Öl in der Tiefsee"

Diese Frage wird wohl jeder vernünftige Mensch stellen. Leider werden wir keine Antwort bekommen, denn wenn es selbst dem mächtigsten Mann der Welt, dem amerikanischen Präsidenten, nicht gelingt, diesen Umweltfrevlern in den Arm zu fallen, die aus Profitsucht unsere Welt zerstören, können wir nur auf folgende, hoffentlich einsichtigere Generationen hoffen. Bis dahin wird es weitere Katastrophen geben.

Die nächste war schon da, ein Leck an der Gasplattform Elgin in der Nordsee vor Schottland, das im März 2012 auftrat. Gas strömte unkontrolliert aus, es bestand Explosionsgefahr. Darum wurden alle 238 Arbeiter der Plattform evakuiert. Die Gasfackel erlosch zum Glück von selbst. Die Parallele zu dem Unglück der Deepwater Horizon ist: Es gab zunächst keine Idee, wie das Leck geschlossen werden könnte. Erst nach dem Unglück wurden Pläne zur Beseitigung des Schadens ausgearbeitet. Es dauerte 50 Tage, bis der Betreiber verkündete: „Das Leck ist geschlossen."

Dieses Kapitel endet mit wenig ermutigenden Aussichten. Sie lassen sich nur verbessern, wenn wir alle erkennen, welch ein wertvolles Gut das Wasser ist und wenn wir damit so sorgfältig umgehen, wie man es mit kostbaren Dingen tut. Denn eine noch so große Mineralölmenge kann nicht einen einzigen Tropfen Wasser ersetzen.

Wasser für alle

Die Wassermenge auf der Welt ist immens groß, leider ist das meiste davon Salzwasser, das man nicht trinken kann. Nur 3 % des Wassers ist Süßwasser, zu wenig für alle Menschen? Theoretisch würde auch diese Menge ausreichen, wenn es nur gerecht verteilt wäre. Natürlich ist es nicht möglich, das Trinkwasser von dort, wo es verschwendet wird, dahin zu transportieren, wo es dringend gebraucht wird.

In Afrika, südlich der Sahara, wo es ganz selten regnet, ist der Wassermangel am größten. Hier müssen die Menschen oft kilometerweit laufen, um Wasser zu bekommen. Dieses Wasser ist zudem meistens nicht sauber, so dass die Menschen davon krank werden, wenn sie es trinken. Sie haben es aus schmutzigen Tümpeln geholt. Dieses Wasser ist zumeist nicht einmal zum Waschen zu gebrauchen. Pro Tag sterben auf der Welt 4.000 Kinder, weil sie schmutziges Wasser getrunken haben. Aber auch das schmutzige Wasser reicht nicht aus. Nur jeder zweite Bewohner dieser Region bekommt ausreichend Trinkwasser.

Was Durst bedeutet, hat der französische Schriftsteller Antoine de Saint-Exupéry erfahren müssen. Er war im 2. Weltkrieg als Kurier- und Aufklärungsflieger über Afrika unterwegs, als er in einer verlassenen Wüstengegend notlanden musste. Die Maschine ging zu Bruch und er irrte mit seinem Copiloten tagelang durch die Wüste. Dem Verdursten nahe, wurden sie von Nomaden gefunden, die ihnen zu trinken gaben und damit das Leben retteten. Damals soll de Saint-Exupéry eine Eintragung in sein Tagebuch gemacht haben, die eine Liebeserklärung an das Wasser war. „Wasser," so schrieb er, „du hast weder Farbe, Geruch noch Geschmack, man kann dich nicht beschreiben. Es ist nicht so, dass man dich zum Leben braucht, du selber bist das Leben. Dieses Labsal," so Saint-Exupéry, „ist von einer Köstlichkeit, die keiner unserer Sinne auszudrücken vermag. Du bist der köstlichsten Besitz der Erde."

Wassermangel ist kein neues Phänomen, es besteht schon lange. Als die UNESCO, die Organisation der Vereinten Nationen für Bildung, Wissenschaft und Kultur gegründet wurde, am 16. November 1945, war es schon ein dringendes Problem. Auf der UN-Weltkonferenz über Umwelt und Entwicklung im Jahre 1992 in Rio de Janeiro wurde beschlossen, jedes Jahr am 22. März einen Weltwassertag auszurufen und damit auf die dringendsten Probleme rund um das Wasser aufmerksam zu machen. Schon der 5. Weltwassertag 1997 stand unter dem Motto:

Sauberes Wasser für alle.

Jetzt, 20 Jahre später, haben auf der Welt fast eine Milliarde Menschen nicht genug und vor allen Dingen nicht genug sauberes Wasser.

Die Zunahme der Weltbevölkerung macht es erforderlich, auf Meerwasser zurückzugreifen, dem man das Salz entzogen hat. Dafür gibt es verschiedene Verfahren. Die wichtigsten sind:

Die Membran Destillation; dabei werden Membranen eingesetzt, die nur den Wasserdampf ohne die unerwünschten Beimengungen durchlassen; größere Moleküle wie die der Salze oder der Schwermetalle werden zurückgehalten.

Ferner die mehrstufige Entspannungsverdampfung; dabei erhitzt man das Wasser auf 115° C und erzeugt Wasserdampf ohne Salze und sonstige im Wasser gelöste Stoffe. Das Kondensat wird als salzfreies Wasser abgezogen.

Schließlich die Umkehrosmose; um sie verstehen zu können, muss zunächst die Osmose erklärt werden. Sie ist ein selbsttätig ablaufender natürlicher, also in der Natur vorkommender Vorgang, wie er zum Beispiel an einer reifen Kirsche beobachtet werden kann, wenn sie im Regen nass wird. Im Inneren der Frucht befindet sich Wasser, in dem Fruchtzucker und Aromen gelöst sind. Die Haut der Kirsche ist die Membrane, die nur Wassermoleküle durchlässt. Die Osmose bewirkt nun, dass so lange Wassermoleküle durch diese Membrane in das Innere der Frucht eindringen, bis sich innen und außen der gleiche Lösungsstand, also ein Lösungsgleichgewicht eingestellt hat. Da das nicht möglich ist, weil die Kirsche zu klein ist, platzt sie.

Bei der Umkehrosmose als Entsalzung werden die Wassermoleküle durch Einsatz von Energie gezwungen, den umgekehrten Weg durch eine Membrane zu gehen. Dazu muss das Meerwasser einem höheren als dem osmotischen Druck ausgesetzt werden. Wenn die kleineren Wassermoleküle die Membrane passieren, werden die größeren Salzkristalle zurückgehalten.

Diese Techniken werden inzwischen auf einigen Inseln eingesetzt, aber auch auf U–Booten und anderen Schiffen. Eine Großanlage befindet sich in Dubai, wo täglich bis zu 500.000 m³ Trinkwasser aus Meerwasser gewonnen wird.

Die Umweltorganisation WWF hat bisher die Entsalzung von Meerwasser als zu teuer und energieintensiv bezeichnet. Seit 2007 gibt es allerdings im östlichen Mittelmeer auf der Insel Iraklia eine umweltfreundliche schwimmende Entsalzungsanlage, die auf der Grundlage der Umkehrosmose betrieben wird und die diese Auffassung möglicherweise korrigieren könnte, weil sie mit Solarenergie arbeitet. Iraklia liegt südlich von Naxos und gehört zur griechischen Inselgruppe der Kykladen. Diese Anlage erzeugt täglich 70 m³ Trinkwasser von hoher Qualität. Sie ist ein Pilotprojekt der Universität Ägäis.

In den Staaten des Nahen Ostens und in den Golfstaaten sind Meerwasserentsalzungsanlagen bereits gebräuchlich. Das Meerwasser, das dafür gebraucht wird, sollte allerdings möglichst wenig verunreinigt sein. Wie das vorige Kapitel zeigt, werden die Meere aber immer mehr mit Müll belastet. Hier muss sich die Einstellung der Menschen ändern, sonst sind die Bemühungen der Wissenschaftler vergeblich, alle Menschen mit Wasser zu versorgen.

Der Appell an die Jugend kann daher nur lauten: Macht nicht die Fehler nach, die euch vorgemacht wurden. Denkt daran, was der alte Pindar schon vor 2500 Jahren wusste und gesagt hat:

Das Wasser aber ist das Beste

Der Autor

Johannes Knippschild, 1935 in Gelsenkirchen geboren, hat sich schon immer für das Wasser interessiert. Folgerichtig sollte sein Berufsziel etwas mit Wasser zu tun haben. Darum studierte er von 1954 bis 1957 Wasserwirtschaft an der Fachhochschule für Bauwesen in Siegen, die er nach bestandener Prüfung als Ingenieur für Wasserwirtschaft und Tiefbau verließ.

Seine Berufslaufbahn begann er in Ingenieurbüros mit der Planung von Wasserversorgungsanlagen, Kanälen, Gewässerausbau und Bauwerken der Wasserwirtschaft. Hier lernte er seine spätere Frau kennen. Das Ehepaar hat drei Kinder, die inzwischen erwachsen sind.

Im Jahre 1968 wechselte Johannes Knippschild in die Bauverwaltung der Stadt Lage im Bundesland Nordrhein-Westfalen. Dort übernahm er die Leitung der Stadtentwässerung. Neben planerischen Aufgaben am Kanalnetz der Stadt war er auch für die bauliche Umsetzung zuständig. Als das Klärwerk der Stadt auch für die Entsorgung weiterer Bereiche in den Nachbargemeinden erweitert wurde, übernahm er die Leitung dieses Klärwerks. Die Stadt Lage ernannte ihn zum Wasserschutzbeauftragter der Stadt.

Im Rahmen der Kläranlagen-Nachbarschaften berief ihn die Abwassertechnische Vereinigung von NRW in den Kreis der Lehrer für die Fortbildung des Klärwerkspersonals.

Im Jahre 1998 wurde Johannes Knippschild wegen Erreichens des Rentenalters in den Ruhestand entlassen.

Danach gründete er ein eigenes Ingenieurbüro, wo er als Schwerpunkt die Grundstücksentwässerung bearbeitete und als Sachkundiger tätig war.

Bildnachweis

Umschlaggestaltung und Titelseite: Privatfotographie, aufgenommen an den Krimmler Wasserfällen, Österreich,

Abbildung 1 + 2: Zeichnungen des Autors

Abbildung 3: Rheinfall bei Schaffhausen, Seite 13, Fotograf: CrazyD, 17.06.2004, Lizenzstatus: GNU Free Document License Version 1, 3 | http://commons.wikimedia.org/wiki/File:Rheinfall_bei_Schaffhausen_02.JPG

Abbildung 4 + 5 auf den Seiten 17, 18: Zeichnungen des Autors

Abbildung 6, 7 + 8: Zeichnungen des Autors

Abbildung 9 + 10 Skizzen des Autors

Abbildung 11: Der Golfstrom, Seite 49, © Webmaster 2006 | Lizenzstatus: GNU Free Document License Version 1, 3 | http://commons.wikimedia.org/wiki/File:Golfstrom_Karte_2.png

Abbildung 12: Brand auf der Bohrinsel Deepwater Horizon, Seite 53, Fotograf: US Coast Guard | Lizenzstatus: Public Domain | http://commons.wikimedia.org/wiki/File:Deepwater_Horizon_offshore_drilling_unit_on_fire_2010.jpg

Foto des Autors: eigenes, privates Foto

Umschlagrückseite: Foto des Autors, eigenes Foto

Anhang A

GNU Free Documentation License, Version 1.3, 3 November 2008
Copyright (C) 2000, 2001, 2002, 2007, 2008 Free Software Foundation, Inc.
<http://fsf.org/>
Everyone is permitted to copy and distribute verbatim copies of this license document, but changing it is not allowed.

0. PREAMBLE
The purpose of this License is to make a manual, textbook, or other functional and useful document "free" in the sense of freedom: to assure everyone the effective freedom to copy and redistribute it, with or without modifying it, either commercially or noncommercially.
Secondarily, this License preserves for the author and publisher a way to get credit for their work, while not being considered responsible for modifications made by others.
This License is a kind of "copyleft", which means that derivative works of the document must themselves be free in the same sense. It complements the GNU General Public License, which is a copyleft license designed for free software.
We have designed this License in order to use it for manuals for free software, because free software needs free documentation: a free program should come with manuals providing the same freedoms that the software does. But this License is not limited to software manuals; it can be used for any textual work, regardless of subject matter or whether it is published as a printed book. We recommend this License principally for works whose purpose is instruction or reference.

1. APPLICABILITY AND DEFINITIONS
This License applies to any manual or other work, in any medium, that contains a notice placed by the copyright holder saying it can be distributed under the terms of this License. Such a notice grants a world-wide, royalty-free license, unlimited in duration, to use that work under the conditions stated herein. The "Document", below, refers to any such manual or work. Any member of the public is a licensee, and is addressed as "you". You accept the license if you copy, modify or distribute the work in a way requiring permission under copyright law.
A "Modified Version" of the Document means any work containing the Document or a portion of it, either copied verbatim, or with modifications and/or translated into another language.
A "Secondary Section" is a named appendix or a front-matter section of the Document that deals exclusively with the relationship of the publishers or authors of the Document to the Document's overall subject (or to related matters) and contains nothing that could fall directly within that overall subject. (Thus, if the Document

is in part a textbook of mathematics, a Secondary Section may not explain any mathematics.) The relationship could be a matter of historical connection with the subject or with related matters, or of legal, commercial, philosophical, ethical or political position regarding them.

The "Invariant Sections" are certain Secondary Sections whose titles are designated, as being those of Invariant Sections, in the notice that says that the implication that these Warranty Disclaimers may have is void and has no effect on the meaning of this License.

2. VERBATIM COPYING

You may copy and distribute the Document in any medium, either commercially or noncommercially, provided that this License, the copyright notices, and the license notice saying this License applies to the Document are reproduced in all copies, and that you add no other conditions whatsoever to those of this License. You may not use technical measures to obstruct or control the reading or further copying of the copies you make or distribute. However, you may accept compensation in exchange for copies. If you distribute a large enough number of copies you must also follow the conditions in section 3. You may also lend copies, under the same conditions stated above, and you may publicly display copies.

3. COPYING IN QUANTITY

If you publish printed copies (or copies in media that commonly have printed covers) of the Document, numbering more than 100, and the Document's license notice requires Cover Texts, you must enclose the copies in covers that carry, clearly and legibly, all these Cover Texts: Front-Cover Texts on the front cover, and Back-Cover Texts on the back cover. Both covers must also clearly and legibly identify you as the publisher of these copies. The front cover must present the full title with all words of the title equally prominent and visible. You may add other material on the covers in addition. Copying with changes limited to the covers, as long as they preserve the title of the Document and satisfy these conditions, can be treated as verbatim copying in other respects.

If the required texts for either cover are too voluminous to fit legibly, you should put the first ones listed (as many as fit reasonably) on the actual cover, and continue the rest onto adjacent pages.

If you publish or distribute Opaque copies of the Document numbering more than 100, you must either include a machine-readable Transparent copy along with each Opaque copy, or state in or with each Opaque copy a computer-network location from which the general network-using public has access to download using public-standard network protocols a complete Transparent copy of the Document, free of added material. If you use the latter option, you must take reasonably prudent steps, when you begin distribution of Opaque copies in quantity, to ensure that this Transparent copy will remain thus accessible at the stated location until at least one year after the last time you distribute an Opaque copy (directly or through your agents or retailers) of that edition to the public.

It is requested, but not required, that you contact the authors of the Document well before redistributing any large number of copies, to give them a chance to provide you with an updated version of the Document.

4. MODIFICATIONS

You may copy and distribute a Modified Version of the Document under the conditions of sections 2 and 3 above, provided that you release the Modified Version under precisely this License, with the Modified Version filling the role of the Document, thus licensing distribution and modification of the Modified Version to whoever possesses a copy of it. In addition, you must do these things in the Modified Version:

A. Use in the Title Page (and on the covers, if any) a title distinct from that of the Document, and from those of previous versions (which should, if there were any, be listed in the History section of the Document). You may use the same title as a previous version if the original publisher of that version gives permission.

B. List on the Title Page, as authors, one or more persons or entities responsible for authorship of the modifications in the Modified Version, together with at least five of the principal authors of the Document (all of its principal authors, if it has fewer than five), unless they release you from this requirement.

C. State on the Title page the name of the publisher of the Modified Version, as the publisher.

D. Preserve all the copyright notices of the Document.

E. Add an appropriate copyright notice for your modifications adjacent to the other copyright notices.

F. Include, immediately after the copyright notices, a license notice giving the public permission to use the Modified Version under the terms of this License, in the form shown in the Addendum below.

G. Preserve in that license notice the full lists of Invariant Sections and required Cover Texts given in the Document's license notice.

H. Include an unaltered copy of this License.

I. Preserve the section Entitled "History", Preserve its Title, and add to it an item stating at least the title, year, new authors, and publisher of the Modified Version as given on the Title Page. If there is no section Entitled "History" in the Document, create one stating the title, year, authors, and publisher of the Document as given on its Title Page, then add an item describing the Modified Version as stated in the previous sentence.

J. Preserve the network location, if any, given in the Document for public access to a Transparent copy of the Document, and likewise the network locations given in the Document for previous versions it was based on. These may be placed in the "History" section. You may omit a network location for a work that was published at least four years before the Document itself, or if the original publisher of the version it refers to gives permission.

K. For any section Entitled "Acknowledgements" or "Dedications", Preserve the Title of the section, and preserve in the section all the substance and tone of each of the contributor acknowledgements and/or dedications given therein.

L. Preserve all the Invariant Sections of the Document, unaltered in their text and in their titles. Section numbers or the equivalent are not considered part of the section titles.

M. Delete any section Entitled "Endorsements". Such a section may not be included in the Modified Version.

N. Do not retitle any existing section to be Entitled "Endorsements" or to conflict in title with any Invariant Section.

O. Preserve any Warranty Disclaimers.

If the Modified Version includes new front-matter sections or appendices that qualify as Secondary Sections and contain no material copied from the Document, you may at your option designate some or all of these sections as invariant. To do this, add their titles to the list of Invariant Sections in the Modified Versions license notice. These titles must be distinct from any other section titles.

You may add a section Entitled "Endorsements", provided it contains nothing but endorsements of your Modified Version by various parties--for example, statements of peer review or that the text has been approved by an organization as the authoritative definition of a standard.

You may add a passage of up to five words as a Front-Cover Text, and a passage of up to 25 words as a Back-Cover Text, to the end of the list of Cover Texts in the Modified Version. Only one passage of Front-Cover Text and one of Back-Cover Text may be added by (or through arrangements made by) any one entity. If the Document already includes a cover text for the same cover, previously added by you or by arrangement made by the same entity you are acting on behalf of, you may not add another; but you may replace the old one, on explicit permission from the previous publisher that added the old one.

The author(s) and publisher(s) of the Document do not by this License give permission to use their names for publicity for or to assert or imply endorsement of any Modified Version.

5. COMBINING DOCUMENTS

You may combine the Document with other documents released under this License, under the terms defined in section 4 above for modified versions, provided that you include in the combination all of the Invariant Sections of all of the original documents, unmodified, and list them all as Invariant Sections of your combined work in its license notice, and that you preserve all their Warranty Disclaimers.

The combined work need only contain one copy of this License, and multiple identical Invariant Sections may be replaced with a single copy. If there are multiple Invariant Sections with the same name but different contents, make the title of each such section unique by adding at the end of it, in parentheses, the name of the original author or publisher of that section if known, or else a unique number. Make the same adjustment to the section titles in the list of Invariant Sections in the license notice of the combined work.

In the combination, you must combine any sections Entitled "History" in the various original documents, forming one section Entitled "History"; likewise combine any sections Entitled "Acknowledgements", and any sections Entitled "Dedications". You must delete all sections Entitled "Endorsements".

6. COLLECTIONS OF DOCUMENTS

You may make a collection consisting of the Document and other documents released under this License, and replace the individual copies of this License in the various documents with a single copy that is included in the collection, provided that you follow the rules of this License for verbatim copying of each of the documents in all other respects.

You may extract a single document from such a collection, and distribute it individually under this License, provided you insert a copy of this License into the extracted document, and follow this License in all other respects regarding verbatim copying of that document.

7. AGGREGATION WITH INDEPENDENT WORKS

A compilation of the Document or its derivatives with other separate and independent documents or works, in or on a volume of a storage or distribution medium, is called an "aggregate" if the copyright resulting from the compilation is not used to limit the legal rights of the compilation's users beyond what the individual works permit. When the Document is included in an aggregate, this License does not apply to the other works in the aggregate which are not themselves derivative works of the Document.

If the Cover Text requirement of section 3 is applicable to these copies of the Document, then if the Document is less than one half of the entire aggregate, the Document's Cover Texts may be placed on covers that bracket the Document within the aggregate, or the electronic equivalent of covers if the Document is in electronic form. Otherwise they must appear on printed covers that bracket the whole aggregate.

8. TRANSLATION

Translation is considered a kind of modification, so you may distribute translations of the Document under the terms of section 4. Replacing Invariant Sections with translations requires special permission from their copyright holders, but you may include translations of some or all Invariant Sections in addition to the original versions of these Invariant Sections. You may include a translation of this License, and all the license notices in the Document, and any Warranty Disclaimers, provided that you also include the original English version of this License and the original versions of those notices and disclaimers. In case of a disagreement between the translation and the original version of this License or a notice or disclaimer, the original version will prevail.

If a section in the Document is Entitled "Acknowledgements", "Dedications", or "History", the requirement (section 4) to Preserve its Title (section 1) will typically require changing the actual title.

9. TERMINATION

You may not copy, modify, sublicense, or distribute the Document except as expressly provided under this License. Any attempt otherwise to copy, modify, sublicense, or distribute it is void, and will automatically terminate your rights under this License.

However, if you cease all violation of this License, then your license from a particular copyright holder is reinstated (a) provisionally, unless and until the copyright holder explicitly and finally terminates your license, and (b) permanently, if the copyright holder fails to notify you of the violation by some reasonable means prior to 60 days after the cessation.

Moreover, your license from a particular copyright holder is reinstated permanently if the copyright holder notifies you of the violation by some reasonable means, this is the first time you have received notice of violation of this License (for any work) from that copyright holder, and you cure the violation prior to 30 days after your receipt of the notice.

Termination of your rights under this section does not terminate the licenses of parties who have received copies or rights from you under this License. If your rights have been terminated and not permanently reinstated, receipt of a copy of some or all of the same material does not give you any rights to use it.

10. FUTURE REVISIONS OF THIS LICENSE

The Free Software Foundation may publish new, revised versions of the GNU Free Documentation License from time to time. Such new versions will be similar in spirit to the present version, but may differ in detail to address new problems or concerns. See http://www.gnu.org/copyleft/.

Each version of the License is given a distinguishing version number. If the Document specifies that a particular numbered version of this License "or any later version" applies to it, you have the option of following the terms and conditions either of that specified version or of any later version that has been published (not as a draft) by the Free Software Foundation. If the Document does not specify a version number of this License, you may choose any version ever published (not as a draft) by the Free Software Foundation. If the Document specifies that a proxy can decide which future versions of this License can be used, that proxy's public statement of acceptance of a version permanently authorizes you to choose that version for the Document.

11. RELICENSING

"Massive Multiauthor Collaboration Site" (or "MMC Site") means any World Wide Web server that publishes copyrightable works and also provides prominent facilities for anybody to edit those works. A public wiki that anybody can edit is an example of such a server. A "Massive Multiauthor Collaboration" (or "MMC") contained in the site means any set of copyrightable works thus published on the MMC site.

"CC-BY-SA" means the Creative Commons Attribution-Share Alike 3.0 license published by Creative Commons Corporation, a not-for-profit corporation with a principal place of business in San Francisco, California, as well as future copyleft versions of that license published by that same organization. "Incorporate" means to publish or republish a Document, in whole or in part, as part of another Document.

An MMC is "eligible for relicensing" if it is licensed under this License, and if all works that were first published under this License somewhere other than this MMC, and subsequently incorporated in whole or in part into the MMC, (1) had no cover texts or invariant sections, and (2) were thus incorporated prior to November 1, 2008.

The operator of an MMC Site may republish an MMC contained in the site under CC-BY-SA on the same site at any time before August 1, 2009, provided the MMC is eligible for relicensing.

ADDENDUM: How to use this License for your documents

To use this License in a document you have written, include a copy of the License in the document and put the following copyright and license notices just after the title page: Copyright (c) YEAR YOUR NAME.

Permission is granted to copy, distribute and/or modify this document under the terms of the GNU Free Documentation License, Version 1.3 or any later version published by the Free Software Foundation; with no Invariant Sections, no Front-

Cover Texts, and no Back-Cover Texts. A copy of the license is included in the section entitled "GNU Free Documentation License".

If you have Invariant Sections, Front-Cover Texts and Back-Cover Texts, replace the "with...Texts." line with this:

- with the Invariant Sections being LIST THEIR TITLES, with the
- Front-Cover Texts being LIST, and with the Back-Cover Texts being LIST.

If you have Invariant Sections without Cover Texts, or some other combination of the three, merge those two alternatives to suit the situation.

If your document contains nontrivial examples of program code, we recommend releasing these examples in parallel under your choice of free software license, such as the GNU General Public License, to permit their use in free software.

www.ingramcontent.com/pod-product-compliance
Lightning Source LLC
Chambersburg PA
CBHW030456220526
45464CB00006B/2561